風來自冷空氣和熱空氣的對流。
有了風，才會有海浪！

長浪也稱為湧浪，是來自外
海的水波。

潮間帶是漲潮時被海水淹沒，
退潮時才露出的地區。

謹以此書獻給我的母親和外婆，
紀念我們在海邊度過的美好時光！

Le Super Weekend de l'océan

動物小夥伴的

超級海洋
週末

安古蘭漫畫節入圍插畫家

蓋兒·阿莫拉斯 Gaëlle Alméras 著

洪夏天 譯

目　錄

一場美好的旅程……

我們無法在一本書中詳盡描述海洋的複雜與豐饒，
但能掀起它神祕面紗的一角，
打開幾扇窗，向讀者揭露海洋蘊藏的生命力與寶藏，
讓讀者跟著我們遨遊其中。

蓋兒就為我們提供了這樣一個機會。
本書的主角群既有趣又討人喜愛，
他們帶領讀者踏上美好的旅程，從沙灘直探海洋深處，
激起人們探索的欲望，
發掘這座世上最浩瀚無際的生態花園！

本書邀請大家一起參與這場人類最美妙的冒險之旅
——科學探索。
來吧，在歐尼、艾琪德、卡絲特和拉特的陪伴下，
一起把腳探進水裡……
海洋強大卻也脆弱，但只要我們同心協力，
就能攜手維護、保護這個地球上最珍貴的資產……

小水手們，祝你們一路順風！

法國海洋開發研究院（IFREMER）
深海環境生物與生態實驗室的深海生態學家
瑪喬蓮‧瑪它布（Marjolaine Matabos）

前言

Chapter 1

我愛你，大洋……

世界之洋

覆蓋71%的地球表面，共分成五大洋，
大洋裡還有許多海和大小海灣……

海洋生物不斷在五大洋
間游來游去……

北冰洋

位於北極。這是地球上最小的
洋，常被冰塊覆蓋！

太平洋

是最大也最深的洋，這裡還
有範圍最廣大的海底山脈！

太平洋幾乎占了地球的
一半……

我家就在太平洋！

大西洋

法國的西邊是大西洋，只要穿過
大西洋就會抵達美洲！

印度洋

位在非洲、印度和澳洲之間。

南冰洋

位在南極，它的範圍直到西元
2000年才正式確定。

想想看，其實人們對太
平洋深處的了解，還遠
遠不如月球表面呢！

五大洋的形成

38億年前，地球誕生後不久，就出現了世界洋。下了幾場暴雨之後，地球表面被大量的水覆蓋。

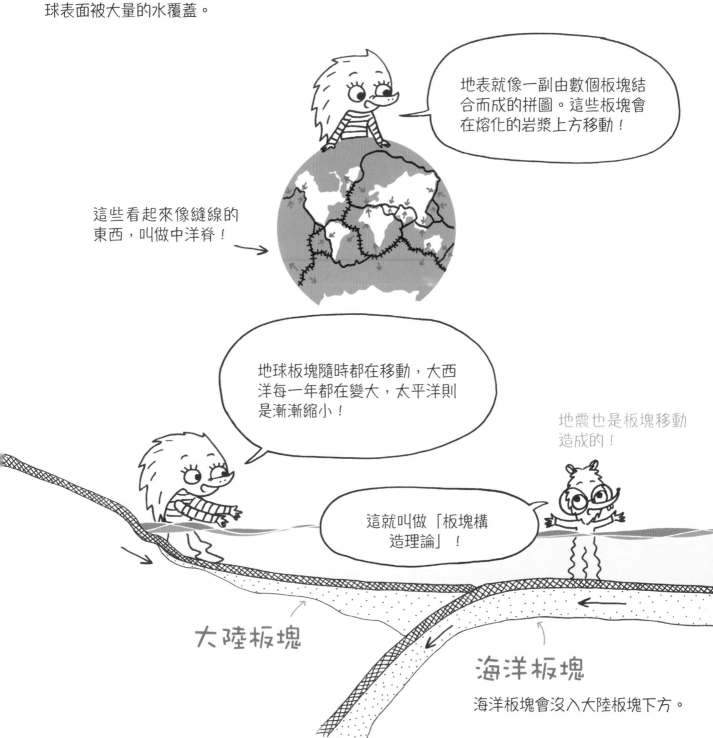

地表就像一副由數個板塊結合而成的拼圖。這些板塊會在熔化的岩漿上方移動！

這些看起來像縫線的東西，叫做中洋脊！

地球板塊隨時都在移動，大西洋每一年都在變大，太平洋則是漸漸縮小！

地震也是板塊移動造成的！

這就叫做「板塊構造理論」！

大陸板塊

海洋板塊

海洋板塊會沒入大陸板塊下方。

地球早期的模樣跟現在大不相同……

2億9,000萬年前：
二疊紀

1億9,000萬年前：
侏羅紀

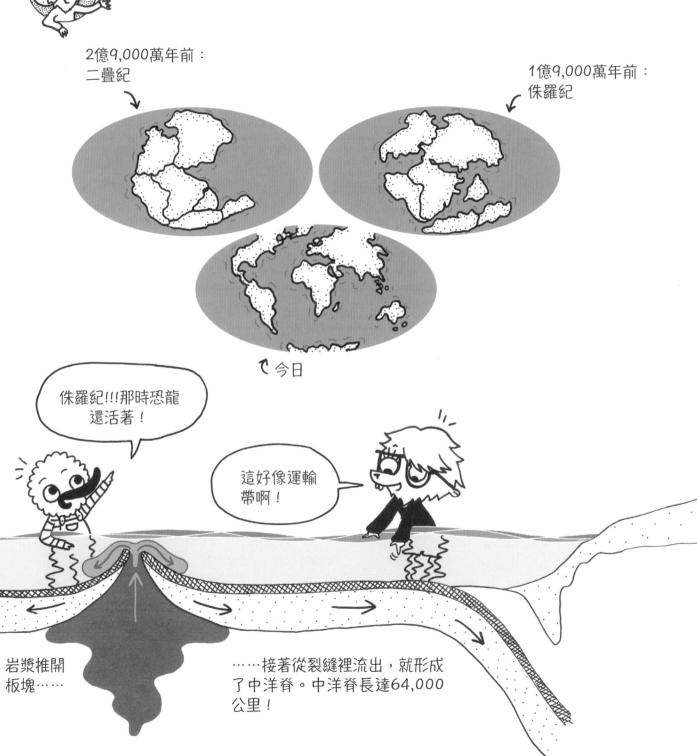

今日

侏羅紀!!!那時恐龍
還活著！

這好像運輸
帶啊！

岩漿推開
板塊……

……接著從裂縫裡流出，就形成
了中洋脊。中洋脊長達64,000
公里！

靠近海岸的海水顏色，大多會隨著土壤性質而改變！

在外海，海水的成分和營養素的種類也會影響海水顏色！

所有的食物都含有營養素，有了這些營養素，生物才能生存、成長，一旦生病，也得靠營養素才能恢復健康。比方說，蛋白質、礦物質、微量元素和纖維都是營養素。

19

Chapter 2 愛玩躲貓貓的浮游生物！

浮游生物涵蓋所有隨洋流漂浮的動植物。
有時，浮游生物的數量增加得太快，海洋就會形成龐大的彩色「雲」，也就是所謂的「藻華」!!

浮游生物分成2種！

顆石藻之類的藻華，從外太空也看得到呢！

浮游植物

這些是肉眼看不到的微小藻類，用顯微鏡才看得見！

浮游植物和樹一樣也會行光合作用，它們會吸收陽光、二氧化碳和水，釋放出氧氣。

浮游動物

則是動物和不太會自行移動的動物幼體！

和浮游植物不一樣的是，浮游動物可以長到足足1公尺大！

有些浮游生物晚上還會發光呢！

儘管大部分的浮游生物都非常微小，但它／牠們的存在卻對地球上的各種生物至關重要……

其實，地球一開始只有浮游生物：藍菌和細菌……

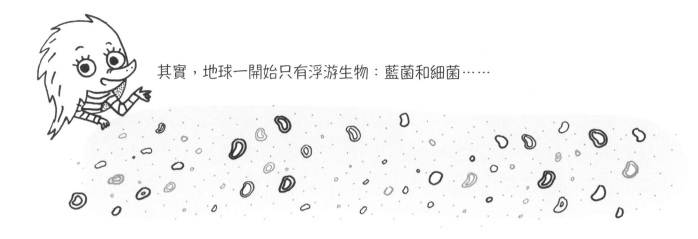

……經過數十億年的演化，到了5億年前，發生了生物界的「大霹靂」！

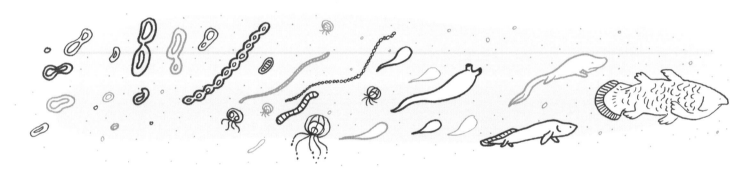

接著，地球上出現了魚類、兩棲動物、恐龍、哺乳動物和鳥類。生活在水中和陸地上的動物不斷演化，發展出各種非常獨特的外觀！

哇！原來各式各樣的生物都來自水中！

有些動物在陸地上演化後，又回到海洋中生活，成為海洋哺乳動物，比如海豚。牠們會游到水面上換氣！

Chapter 3 生生不息的循環……

地球上的水有3種形態：
液態、固態和氣態。
這三種狀態都是水自然循環的一部分。

凝結

水蒸氣漸漸上升並且降溫，
凝結成小水滴，也就是雲！

蒸發

來自太陽的熱讓表面
的水變成水蒸氣！

地下深處也有水，
它們位在承壓含水層！

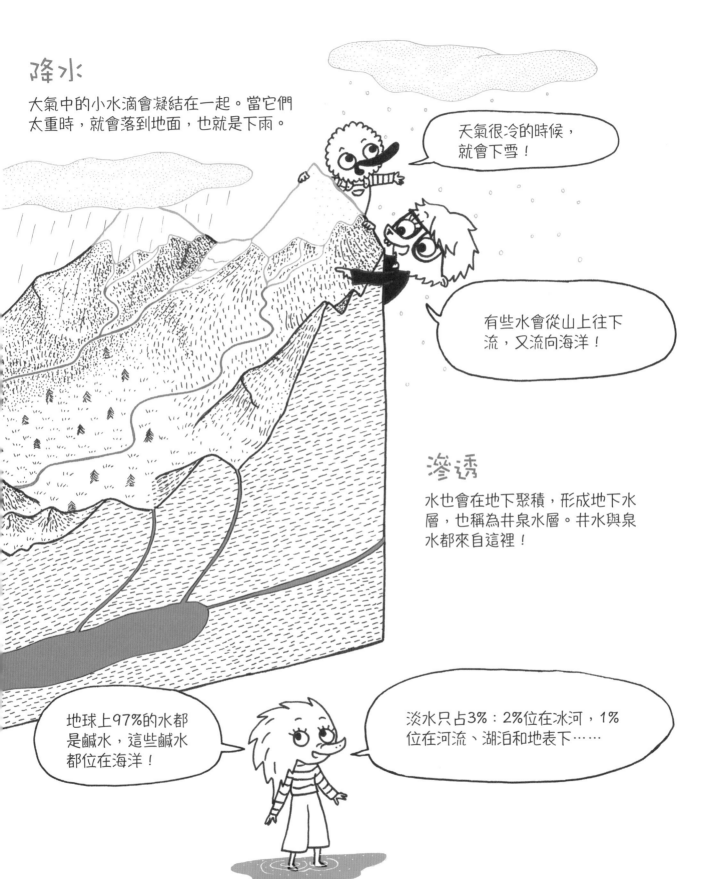

降水

大氣中的小水滴會凝結在一起。當它們太重時，就會落到地面，也就是下雨。

天氣很冷的時候，就會下雪！

有些水會從山上往下流，又流向海洋！

滲透

水也會在地下聚積，形成地下水層，也稱為井泉水層。井水與泉水都來自這裡！

地球上97%的水都是鹹水，這些鹹水都位在海洋！

淡水只占3%：2%位在冰河，1%位在河流、湖泊和地表下……

40億年前的地球和現在完全不一樣！

那時有很多活躍的火山，朝空中噴出大量的氣體和水蒸氣……

過了1億年後，地球變冷，水蒸氣凝結成水。那時下了好多、好多、好多的雨！

這些雨非常酸……

……雨逐漸侵蝕所有的岩石，並且帶著土壤中的鹽和礦物質，一路流進海洋！

自此之後，海洋的水就變鹹了，只是各地的鹹度不太一樣……

28

湧升流也稱為上升流，是相當常見的地球現象。
這是風所造成的！

風來自空氣的流動！

……又乾又重的冷
空氣會往下降！

輕而潮溼的熱空氣
會往上升……

啊啊啊！！！

因而在高空中
產生強風。

水面也會出現風！

很多因素都會影響氣流，
包括壓力、地理區域和地
勢高低！

表水

深水

洋流就像海洋中的輸送帶一樣!

只要順著洋流,就能迅速移動!

胡說八道!

其實洋流比較像是位在海洋中的河流……

動物和水手都會利用洋流來移動!

啊,對!浮游動物就是這樣!

沒錯!你說對了!

水手只會利用風所造成的表面洋流!

不過海洋深處也有別的洋流,它們是受到海水的溫度與成分影響所產生的洋流!

水中的鹽分扮演了重要角色!

它把比較溫暖的海水帶到比較冷的地方，再把冷水帶到比較溫暖的地方。

自地球誕生以來，氣候就不斷變化。

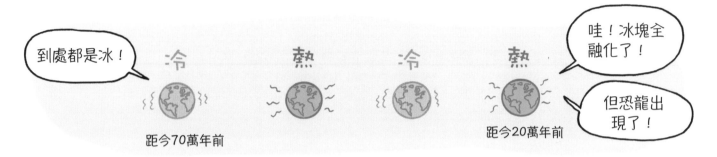

這是因地球與太陽的位置所形成的自然現象。
地球的溫室氣體將來自太陽的熱能保留下來，使地球變熱！
溫室氣體主要是：

對地球來說，溫室氣體非常重要。
它們保留了來自太陽的部分熱能，讓地球的平均氣溫維持在理
想的攝氏15度。

過去幾年來，人類排放愈來愈多的二氧化碳和甲烷到大氣中，
溫室效應也愈來愈嚴重。

幸好森林和海洋藉由光合作用，吸收一部分的溫室氣體，釋放氧氣（O_2）。

但大氣中的二氧化碳和甲烷還是太多，氣溫也不斷上升。

現今海洋含有太多的二氧化碳，水變得像醋一樣酸，海洋可能不再釋出氧氣，只排出二氧化碳！

水母

有些水母用肉眼幾乎看不見，我們必須特別小心。若是被牠們螫到，皮膚會有灼熱感。
有些水母甚至足以致命。

牠們的身體98%都是水！

傘膜

胃腔

肌肉

口／肛門

有刺細胞的口腕
（會螫人）

有尖刺的觸手

1. 海月水母

有的水母的體型很小，有的則很巨大！

水母既沒有腦也沒有骨骼，牠們會從口部排出糞便！

我們在法國會碰到這四種水母！

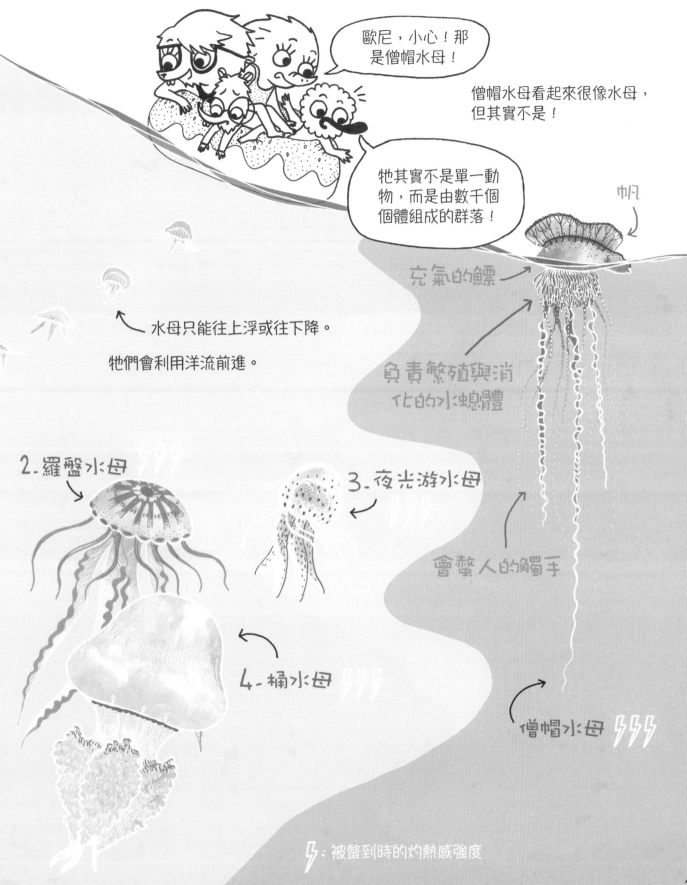

歐尼，小心！那是僧帽水母！

僧帽水母看起來很像水母，但其實不是！

牠其實不是單一動物，而是由數千個個體組成的群落！

帆

充氣的鰾

負責繁殖與消化的水螅體

水母只能往上浮或往下降。
牠們會利用洋流前進。

2. 羅盤水母 ⚡⚡⚡

3. 夜光游水母 ⚡⚡⚡

會螫人的觸手

4. 桶水母 ⚡⚡⚡

僧帽水母 ⚡⚡⚡

⚡：被螫到時的灼熱感強度

39

我很喜歡
水母！

當然啦，水母就跟
你一樣怪！

朋友們，
晚安啦！

啊哈！晚安，
拉特！

歐尼與艾琪德
之島

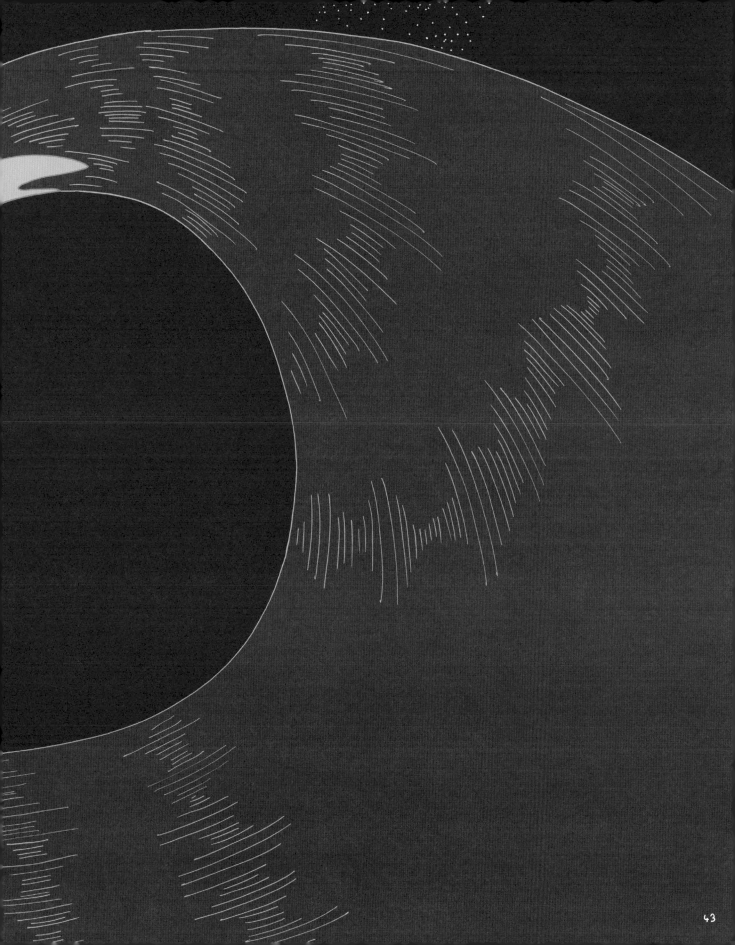

45

波浪、風和湧浪

「一般」的海浪和海嘯不同，前者是風所造成的。
海浪看似不斷前進，但其實水沒有動，移動的是波。

波經過的時候，浪的前端會把救生圈往上推高！

救生圈抵達最高點。

在波的後段，救生圈又往下降。

直到另一個波到來。

波只會在水的表面移動。

「湧浪」也稱為長浪，這是海浪規律性的移動！

波浪的誕生

沒有風的時候，水面是平滑的！

風在水面創造了小波紋。

風愈吹，小波紋就愈來愈大。

有各式各樣的波浪！

湧起的　　　匍匐的　　　碎裂的　　　下衝的

沿岸地帶的地勢上升，海浪就會捲起來！

啊哈！這就是人們說的「衝浪」！

還有另外一種浪：瘋狗浪。
它們很危險，因為它們比其他浪都高……
瘋狗浪很少見，科學家目前還不太確定它們的成因！

就跟世界各地一樣，這座島附近的海面會在漲潮時上升，
退潮時又下降，每天共2回！

但是，這是為什麼呢？

這有好幾個原因！

7時12分

19時43分

13時28分

00時42分

1. 月球引力

潮汐一部分是受到月球影響，
月球會把海水吸向它。

地球每天自轉一圈，因此轉
向月球的那一面，海水就會
「鼓起來」。

第3天 第2天 第1天

月球一個月繞地球一
圈，而每天的潮汐時間
都會有幾分鐘的差異！

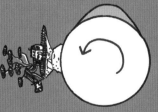

漲潮
13時28分

退潮
19時43分

那為什麼每天有2次的漲潮和退潮呢？

2_離心力

什麼是離心力？

就是這個！

當歐尼轉圈時，他的鞋子會往外飛！

那是我的鞋子耶！

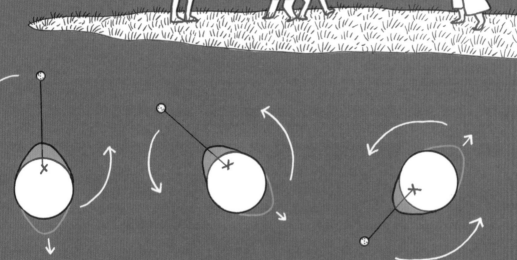

地球和月球都繞著一個點自轉，這個點就是「引力中心」。
自轉會讓地球的海水像甩動的鞋子一樣，遠離引力中心！

所以另一側的海面也會上升！

> 還有一個原因……

> 是喔？

> 太陽！

3. 太陽

當地球、月球和太陽排成一直線時，也就是新月和滿月的時候，海水會漲得更高！

> 我們稱為大潮！

> 太陽的引力和離心力，再加上月球的引力與離心力！

> 那上弦月和下弦月的時候呢？

大部分的藻類都生活在水中，可在淡水或鹽水中生長！
藻類可分成兩大類：

單細胞藻類

它們就像前面提到的浮游植物！

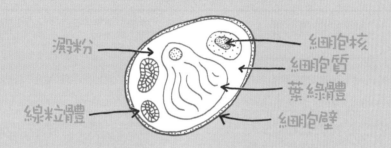

澱粉 → | 細胞核
| 細胞質
| 葉綠體
線粒體 → | 細胞壁

多細胞藻類

這是大家最熟悉的藻類，
例如海灘石頭上或水底的藻類都屬於這一種。

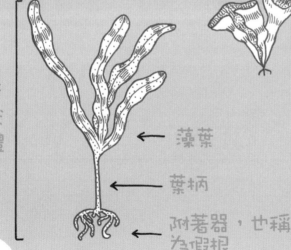

葉狀體

→ 藻葉

→ 葉柄

→ 附著器，也稱
為假根

它們的種類繁多，但都
有附著器、葉柄，以及
一片或數片藻葉。

多細胞藻類又分為3種：
綠藻、褐藻和紅藻。

藻類的種類繁多！

它們散布在地球各處。

體形龐大的藻類稱為「海帶」，它們會形成茂密的海中森林！

它們的顏色取決於陽光的強度。
綠藻通常生長在水深0~5公尺的地方，
褐藻則是在水深5~25公尺的地方，
紅藻則是在水深25~100公尺的地方。

在陽光照耀不到的地方，藻類也無法生存！

有了陽光，藻類才能行光合作用！
有些藻類甚至發展出漂浮技巧，藉此接近陽光。
比如 **墨角藻**。

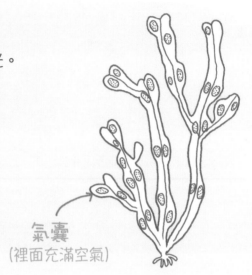

氣囊
(裡面充滿空氣)

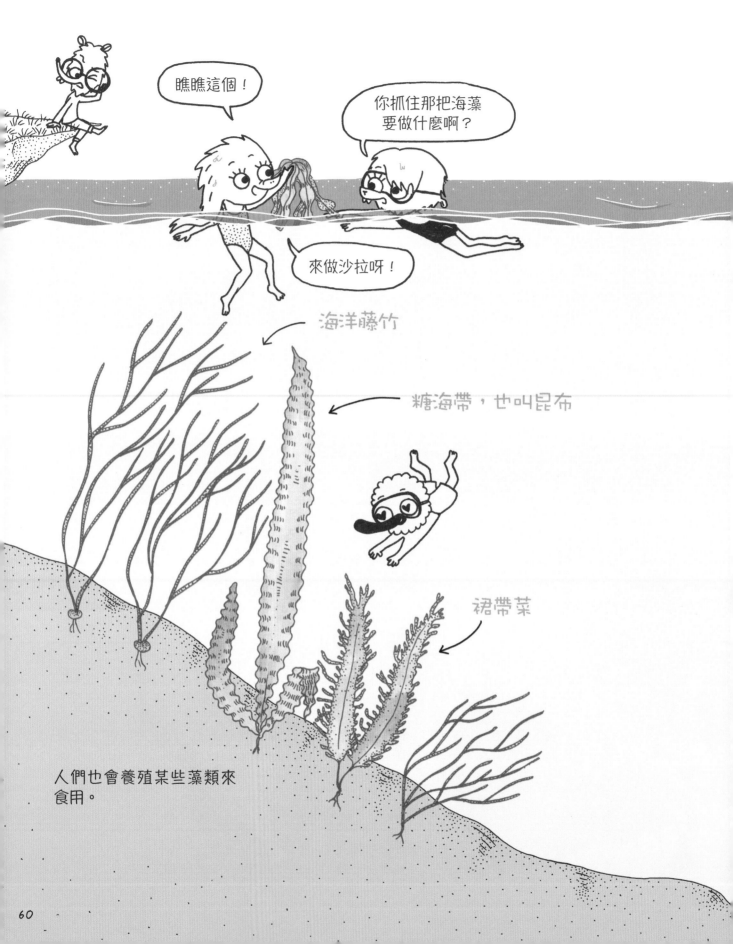

瞧瞧這個!

你抓住那把海藻要做什麼啊?

來做沙拉呀!

海洋藤竹

糖海帶,也叫昆布

裙帶菜

人們也會養殖某些藻類來食用。

Chapter 9

海鷗，閉上你的鳥嘴！

被遺忘的潮間帶

「一般」的海浪和海嘯不同，前者是風造成的。海浪看似不斷前進，但其實水本身並未移動，動的是波。潮間帶是退潮時才會露出的海灘區域。住在這裡的動植物必須喜歡鹽分，能夠在水下生活；退潮的時候，也得經歷數小時的日曬風吹。

貝類……

分成兩大類！

腹足綱和雙殼綱都是身體外面有1~2片貝殼保護的軟體動物。

腹足綱　長得像蝸牛。

牠們靠腹足行動！

還會分泌黏液！

牠們會製造黏液，把自己固定在岩石上，也能用黏液留住殼裡的水分！

殼

黏液　　足　　口蓋（讓牠們可躲在殼裡）

雙殼綱

它們有2片殼，退潮時就會閤起來……

……這樣就能把水分留在殼裡！

牠們靠「虹管」呼吸……

吸氣

吐氣

……和甲殼類

甲殼類包括許多外貌不同的動物！其中大家最熟悉的就是螃蟹！

就像大部分的甲殼類，
螃蟹的骨骼長在身體外，
稱為外骨骼，
也稱為「甲殼」！

換殼時，螃蟹會脫掉原本的殼，
等待柔軟的新殼變硬。
此時的螃蟹非常脆弱！

牠有螯！

蝦、龍蝦、挪威海螯蝦，都屬於甲殼類唷！

有的潮間帶是礫石地質，有的以沙為主。

海葵
會附著在其他物體上，也會把身體閣起來，將水分留在體腔內。

海膽
靠「管足」移動，而牠們身上的棘刺看起來就像手杖！

牠們的骨骼稱為「體殼」，充滿石灰質！

龍蝦
可以活到100歲！

寄居蟹
不會自己長出外殼，牠們會住進散落在沙灘上的空殼或塑膠瓶蓋……

招潮蟹
有一個螯特別大，比另一個大得多！

海蟑螂
是一種非常小型的甲殼類！

牡蠣

當一粒沙進到「真珠蛤」殼裡，
真珠蛤為了保護自己，會用很多
層的珠母將沙子包住。

珍珠就是這樣誕生的！

可惜法國本土沒有
真珠蛤！

歐洲帽貝

會為了覓食而移動，
但牠之後總是會回到
原來的地方！

螺旋蟲

住在石灰質管裡。

海綿

生活在多礫石的潮間帶，
有時會棲息在石縫之間。

貽貝

屬於雙殼綱，牠們會一群
群地附著在石頭上。

吸氣

吐氣

足

用來移動。

足絲

牠們依靠足絲吸附在石頭上。

藤壺

是甲殼類動物，牠們會附
著在岩石或其他的動物身
上，比如鯨魚。

67

沙

主要由細碎礫石組成，也含有貝殼、珊瑚、膽殼等碎屑。

黑脊鷗

也稱為銀鷗，是海鷗的一種。

紅嘴鷗

頭上的羽毛，到了冬天就會變成白色！

小型底棲生物

是不到1公釐大的動物。不管在海岸或海底深處，你都能在細沙中發現牠們的身影！

厚殼玉黍螺

移動時會在沙子上留下一道痕跡。

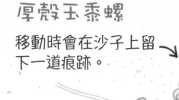

在沙子裡

退潮時，有些動物會把自己埋進沙裡。

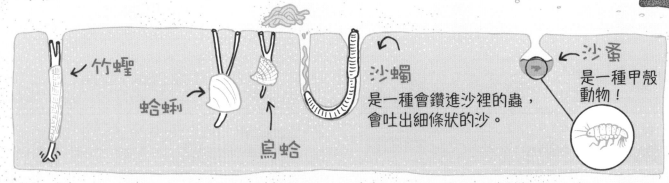

← 竹蟶

蛤蜊 →

烏蛤

沙蝦

是一種會鑽進沙裡的蟲，會吐出細條狀的沙。

沙蚤

是一種甲殼動物！

卡嚓 卡嚓

扇貝

也稱為大海扇蛤,是體形
偏大的雙殼貝,牠的眼睛
可多達200隻。

蝦

蝦子跟螃蟹一樣前肢有螯,
只是牠們的螯小得多。

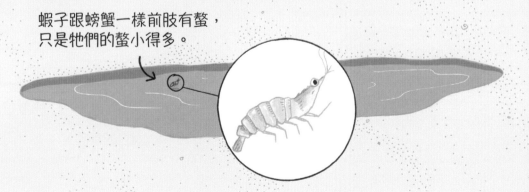

Chapter 10 海中的尖牙

卡絲特、拉特，你們真的不想嘗嘗看嗎？

很好吃唷！

謝謝，不用了！

我比較喜歡吃餅乾！

嗯……

你們知道海裡最大的掠食者是誰嗎？

這問題有陷阱……

是鯊魚嗎？

鯊魚的名聲的確不太好呢……

鯊魚

屬於軟骨魚綱。鯊魚的種類超過500種。
其中只有約10種會對人類造成危害。

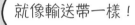

大白鯊

鯊魚有好幾排牙齒。只
要牙齒掉了，就會自動
替補。

就像輸送帶一樣！

小點貓鯊

體長不到1公尺，你可
以在海藻上找到牠們產
在上面的卵！

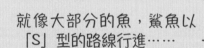

就像大部分的魚，鯊魚以
「S」型的路線行進⋯⋯

小點貓鯊的卵

雪花鴨嘴燕魟

魟也屬於軟骨綱。牠們
移動時會扇動魚鰭，好
像在飛一樣！

72

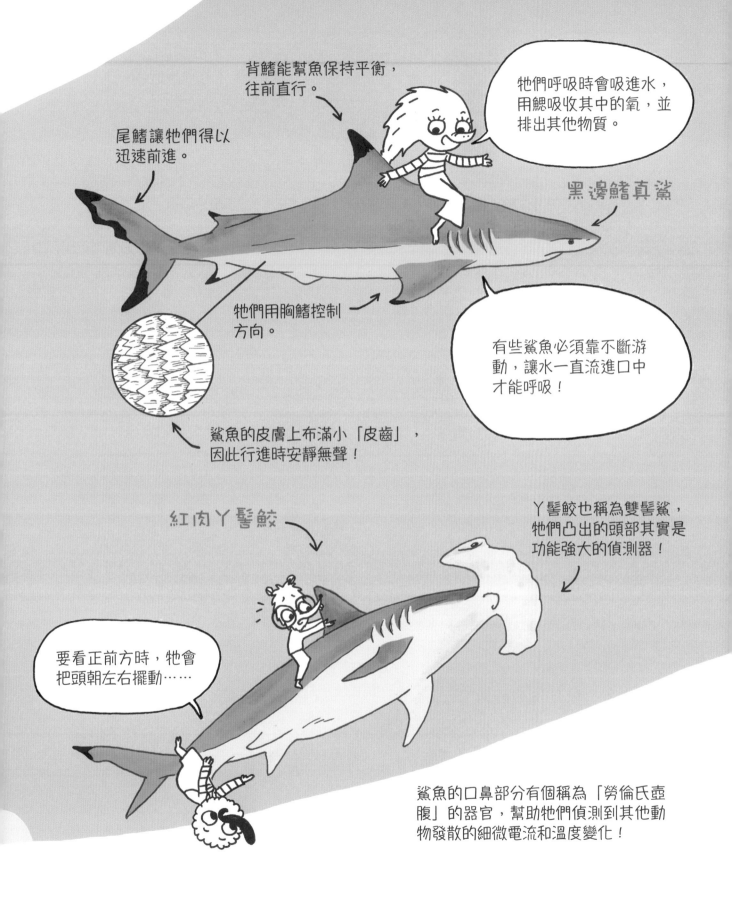

背鰭能幫魚保持平衡，往前直行。

尾鰭讓牠們得以迅速前進。

牠們呼吸時會吸進水，用鰓吸收其中的氧，並排出其他物質。

黑邊鰭真鯊

牠們用胸鰭控制方向。

有些鯊魚必須靠不斷游動，讓水一直流進口中才能呼吸！

鯊魚的皮膚上布滿小「皮齒」，因此行進時安靜無聲！

紅肉丫髻鮫

丫髻鮫也稱為雙髻鯊，牠們凸出的頭部其實是功能強大的偵測器！

要看正前方時，牠會把頭朝左右擺動……

鯊魚的口鼻部分有個稱為「勞倫氏壺腹」的器官，幫助牠們偵測到其他動物發散的細微電流和溫度變化！

73

74

地球周圍有個大氣層（也就是「空氣」）。
大氣層含有78%的氮，21%的氧，還有少量的各種氣體。
空氣壓在地球上的所有物體上，形成所謂的 氣壓。
水也會造成壓力喔！

潛水時，一定要有人陪同，並且穿戴正確裝備！

潛水衣
讓潛水者不會著涼。

面鏡
讓人可以在水中睜開眼睛。從面鏡看出去，水中的物體看起來都比較大！

潛水背心
可充氣的潛水背心讓人可以漂浮、保持平衡和浮上水面。

腰帶
裡裝了鉛塊，讓人可以順利下潛。

氣瓶
裡頭裝了壓縮過的空氣，讓人可以在水中呼吸。

蛙鞋
能讓人在水中移動時不那麼費力，減少氣瓶中的氧氣消耗，讓人在水中待得比較久。

潛水前也得學會各種手勢！

我有麻煩了。

我的氣瓶用光了。

一切都好。

手上下擺動並指出位置。

這裡！

我在用儲備氣瓶。

哎呀呀！我實在對潛水沒啥興趣！

我們潛水的時候，不會潛得太深……

不然的話，上浮途中得休息幾次才行。

這叫做「階梯減壓」。

不過講這些實在很無聊！

不需要潛太深，就能看到珊瑚了！牠們會朝有光的地方生長！

你們看過大堡礁嗎？

當然！

那裡怎麼樣?!

超壯觀的！大堡礁足有2,300公里長！

大堡礁就像一座沙漠裡的城市。多虧了這些熱帶珊瑚，才能孕育各種動物！

簡直像一道充滿生命力的彩虹呀!!!

熱帶珊瑚

珊瑚的骨骼富含石灰質，上面住滿稱為「珊瑚蟲」的小動物！
牠們成群結伴地住在一起，並且與蟲黃藻共生。

世上的珊瑚種類繁多，彼此之間的差異也很大：
有軟的、平的、尖角狀的、紅色的、藍色的……

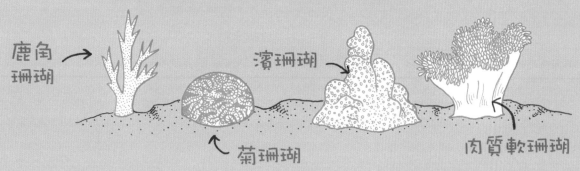

鹿角
珊瑚

濱珊瑚

菊珊瑚

肉質軟珊瑚

我們看到的珊瑚，其實是牠們的石灰質骨骼。
夜晚降臨時，珊瑚蟲會醒過來，捕捉浮游動物！

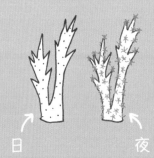

日　　　夜

珊瑚蟲

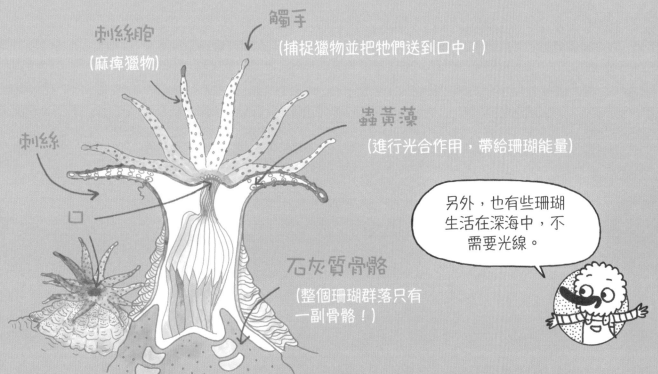

刺絲胞
(麻痺獵物)

觸手
(捕捉獵物並把牠們送到口中！)

蟲黃藻
(進行光合作用，帶給珊瑚能量)

刺絲

口

石灰質骨骼
(整個珊瑚群落只有
一副骨骼！)

另外，也有些珊瑚
生活在深海中，不
需要光線。

鯨鯊

體長可達14公尺。牠們是體型最大的魚類！牠們身上的斑紋就像人的指紋一樣，都是獨一無二的。

濱珊瑚

長得很慢，所以特別堅硬。

大硨磲

大硨磲也稱為巨蚌，是體型龐大的雙殼貝。

鸚哥魚

鸚哥魚的喙可以咬碎硬珊瑚。

柳珊瑚

有些科學家認為柳珊瑚不是珊瑚。它不需要陽光也能生存。

鹿角珊瑚

肉質軟珊瑚

肉質軟珊瑚是軟的。

單體珊瑚

躺在海底。

珊瑚礁和環礁分布面積只占不到1%的海洋，
但裡面住了大量的海洋生物。

歡迎來到大堡礁!!!

海綿
海綿也是動物唷！

珊瑚礁住著各式各樣、顏色繽
紛的魚類。有些科學家認為，
牠們正是藉由外型與顏色在繁
忙魚群中分辨彼此！

海葵

海葵是動物,牠們身上有滿是刺細胞的觸手。
小丑魚天生對海葵免疫,可以在海葵中優游。但小丑魚每天都必須用身體摩擦海葵,所以也不能離海葵太遠。

鬼蝠魟

有張大口,是海中最特別的生物之一!

曲紋唇魚和裂唇魚

裂唇魚會吃曲紋唇魚等大魚身上的寄生蟲。大魚會游來找牠們,讓牠們幫忙清潔身體。大魚有時還得在牠們的清潔站排隊等候呢!

海蛞蝓(海兔)

海蛞蝓是種軟體動物,身體色彩鮮豔,常會閃閃發光!

鯙鰻

螢光
用藍光照射時，有些珊瑚
會發光。

這種現象，有時可幫助牠
們吸引獵物和獲得能量！

軸孔珊瑚
（呈平台狀）

水母有時也會發光！

海星
至少有5個腕，
還有一個朝向地面的口！

牠們有很多小小的管足，
會在海底緩緩移動！

83

是呀，水變得像醋一樣酸！

而珊瑚的骨骼是石灰質，就像粉筆。

如果把粉筆放到醋裡，粉筆就會粉碎！

所以科學家試圖培育最強壯的珊瑚……

好拯救牠們？

對呀！

藉此避免珊瑚礁消失……

……或者讓海底變成鬼城。

在海裡，每種生物都可能是掠食者，也可能是別人的獵物。
這就是所謂的**食物鏈**。

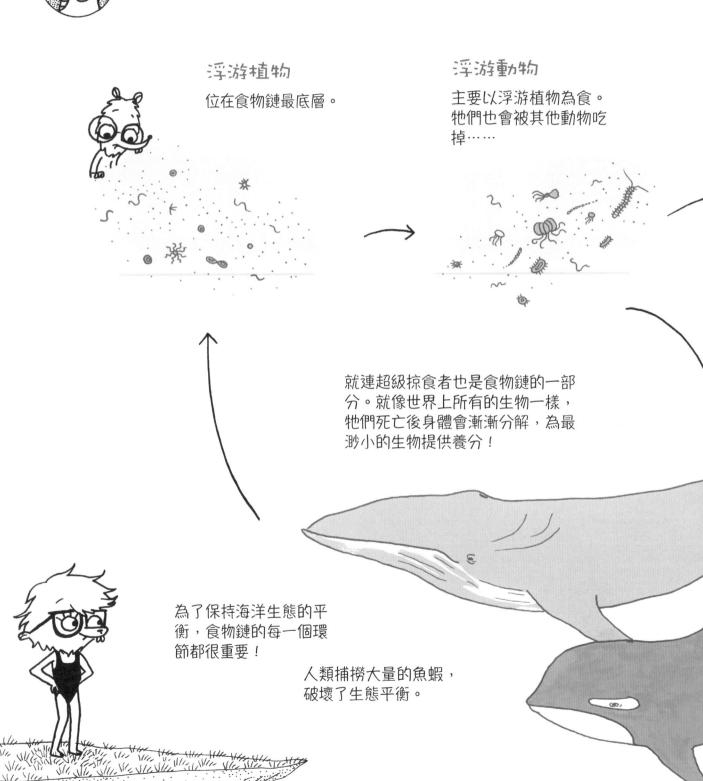

浮游植物

位在食物鏈最底層。

浮游動物

主要以浮游植物為食。牠們也會被其他動物吃掉⋯⋯

就連超級掠食者也是食物鏈的一部分。就像世界上所有的生物一樣，牠們死亡後身體會漸漸分解，為最渺小的生物提供養分！

為了保持海洋生態的平衡，食物鏈的每一個環節都很重要！

人類捕撈大量的魚蝦，破壞了生態平衡。

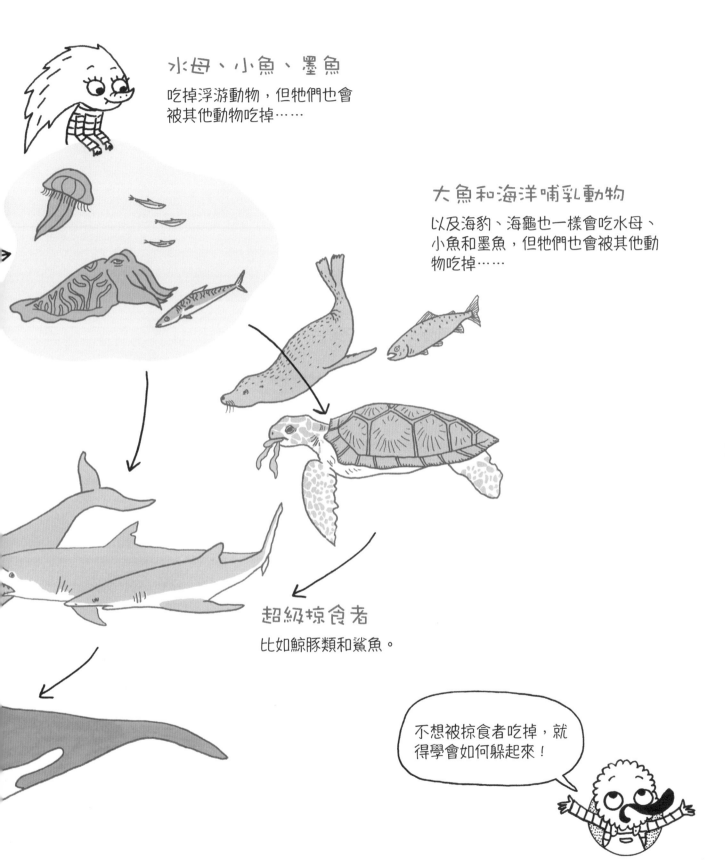

水母、小魚、墨魚

吃掉浮游動物，但牠們也會
被其他動物吃掉……

大魚和海洋哺乳動物

以及海豹、海龜也一樣會吃水母、
小魚和墨魚，但牠們也會被其他動
物吃掉……

超級掠食者

比如鯨豚類和鯊魚。

不想被掠食者吃掉，就
得學會如何躲起來！

虛張聲勢和偽裝

許多海洋動物都是偽裝大師，非常不容易被人發現。

從上往下看，許多魚類顏色黯淡，就像深海的一部分。

但從下往上看，牠們變得白白的，隱身在陽光中……

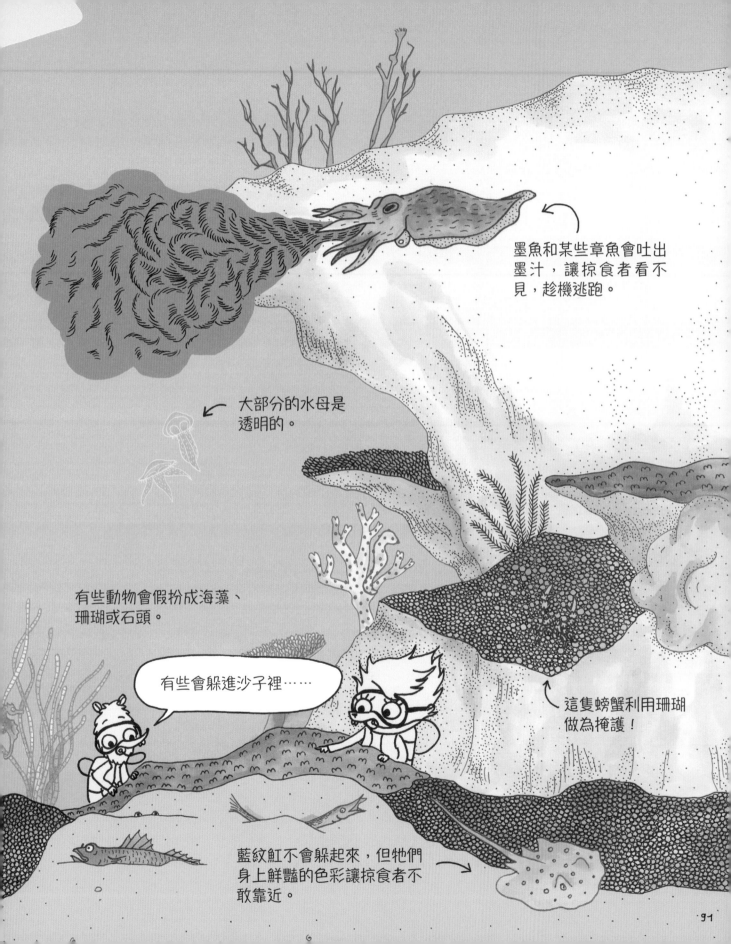

墨魚和某些章魚會吐出墨汁，讓掠食者看不見，趁機逃跑。

大部分的水母是透明的。

有些動物會假扮成海藻、珊瑚或石頭。

有些會躲進沙子裡……

這隻螃蟹利用珊瑚做為掩護！

藍紋魟不會躲起來，但牠們身上鮮豔的色彩讓掠食者不敢靠近。

章魚

牠的皮膚上有「乳頭狀凸起」，可以改變皮膚的質地！

色素囊收縮時，章魚的皮膚會變得平滑。當它們張開時，皮膚就會出現許多像石頭的凸起！

牠身上有種叫做「色素囊」或「色素體」的細胞，有的裝滿色素，有的沒有，並藉此自由變色！

章魚會噴出墨汁，遮蔽掠食者的視線。

牠身上有吸盤，可以把貝殼吸在身上，將自己隱藏起來！

但高超的智商才是牠的終極武器！

牠有大腦，每個腕都布滿神經元！

章魚有好多腕，讓人好想抱抱牠唷……

我看牠應該不太想被你抱耶！

Chapter 13

不可思議的浮力！

海洋動物好有趣啊！但有件事我一直搞不懂……

咦？是什麼事？

這些魚為什麼都不會浮到水面？

而且也不會沉到水底!!!

歐尼倒是會浮在水面……

這都是因為阿基米德浮體原理！

阿基米德的浮體原理

當我們將東西丟進液體裡,浮力會把它往上推。

一個物體若要浮在水面,它的重量必須小於被它排開的液體重量。

阿基米德浮體原理有三要件！

1. 物體重量

我的體重非常標準！

2. 物體的形狀和大小

物體受力面積愈大，所受的浮力愈大……

3. 液體的重量

海水的鹽分也有重量。

海水比淡水重，所以我們在海中更容易往上浮。

死海其實是一座湖，那裡的鹽分非常高，人絕不會沉進水裡！

說得很對，但魚到底怎麼辦到的？

就像歐尼潛水一樣呀。

魚也有充氣背心？

對呀，只是不是穿在外面，而是在牠們體內！

魚的體內有一個像氣球、稱為**鰾**的器官，可任意充氣和排氣。

鰾充氣時（氧氣和氮氣），魚會變得愈來愈輕，就會往上升。

鰾把氣排出時，魚變重了，就會往下沉。

歐尼的潛水背心也是一樣的原理。

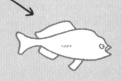

所有的魚都有鰾嗎？

不是，只有硬骨魚才有！

有的魚不是硬骨魚？

當然囉！軟骨魚的骨頭不是硬的唷！

對耶！鯊魚和魟就是軟骨魚！

而且還有無頜魚唷！

牠們看起來沒有嘴巴，只有吸盤呢！

嗯！

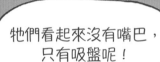

不過，大家最熟悉的還是硬骨魚！

海裡的硬骨魚

在不同的海洋，隨著水溫、深度和掠食者種類的不同，住著各式各樣的硬骨魚。有的硬骨魚體型很小，有的很大，有的顏色鮮豔，有的很不起眼……

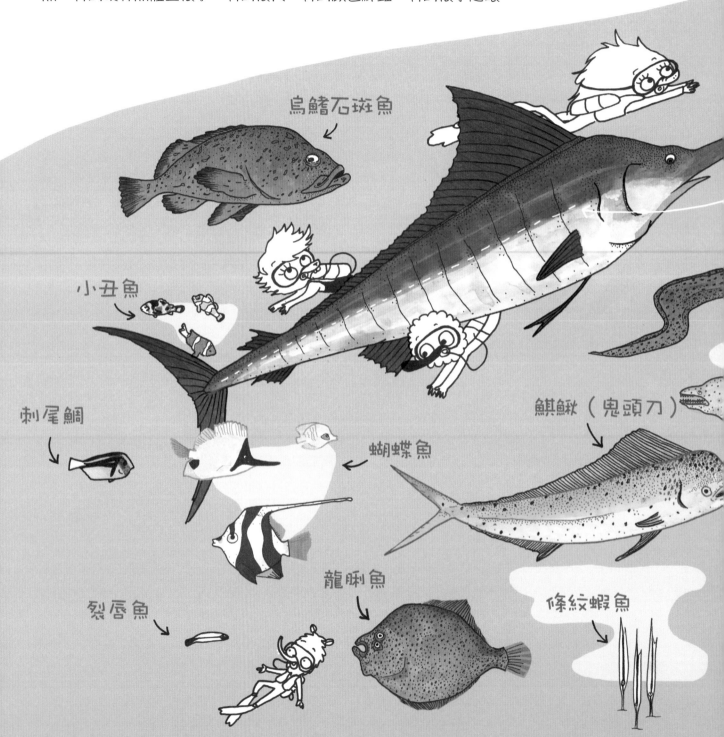

烏鰭石斑魚

小丑魚

刺尾鯛

蝴蝶魚

鱰鰍（鬼頭刀）

龍脷魚

裂唇魚

條紋蝦魚

鲀

劍旗魚

體側線

所有的魚類都有體側線，並
且靠它感知遠方的振動。

鱗鲀

鯙鰻

魔鬼蓑

海馬與海龍

海馬是種小型魚類（2~30公分）。

有些海馬非常擅長偽裝！

葉形海龍長得就像一株海藻！

拉特,有種魚你一定會喜歡!

真的嗎?什麼魚?

翻車魚!它又叫月亮魚唷!

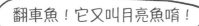

牠是最重的硬骨魚!

牠的幼魚寶寶不到手掌大!

成魚可長到3公尺長,超過1,000公斤重,因為牠們會不斷長大!

牠們也叫曼波魚!

牠們沒有尾鰭!

月球上有海洋,而地球的海洋裡也有月亮!

這趟旅程就要在明天畫下句點!現在該上床睡覺囉!

Chapter 14

魚也會搞幫派!!!

早安！

魚的群游

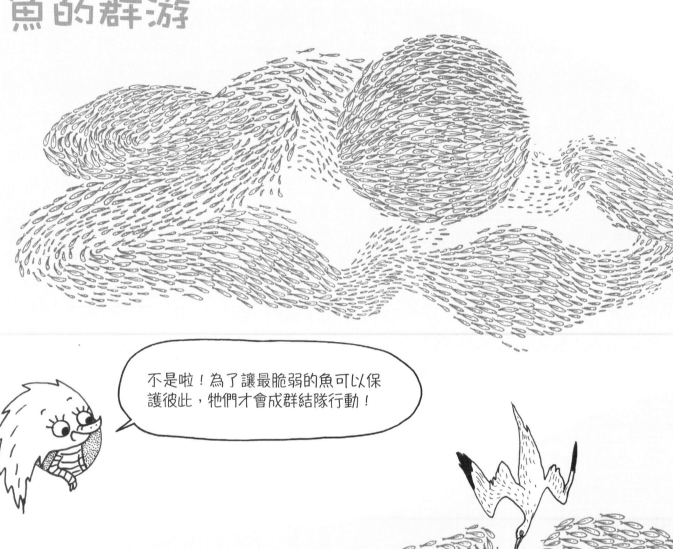

不是啦！為了讓最脆弱的魚可以保護彼此，牠們才會成群結隊行動！

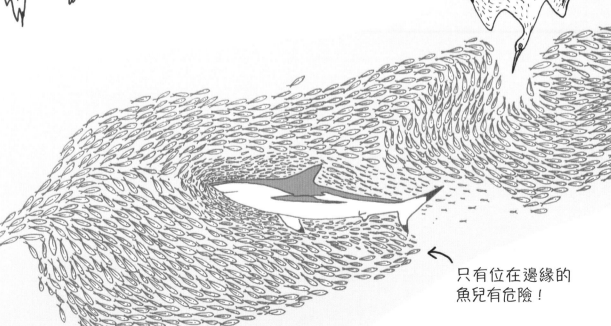

只有位在邊緣的魚兒有危險！

鯊魚、海豚、北方塘鵝和海鷗等掠食者必須分散魚群，
才有機會吃到魚。

飛魚

飛魚就是會飛才被稱為飛魚。

其實牠不是真的在飛，而是在
水面上跳得很遠，有時甚至可
跳離水面將近20公尺高。

藍鯨

所有鯨目動物都是哺乳動物，藍鯨也一樣。
牠是最知名的一種鬚鯨。不過鬚鯨還有很多其他
種類。

牠的體長可達30公尺，重達150,000公斤！

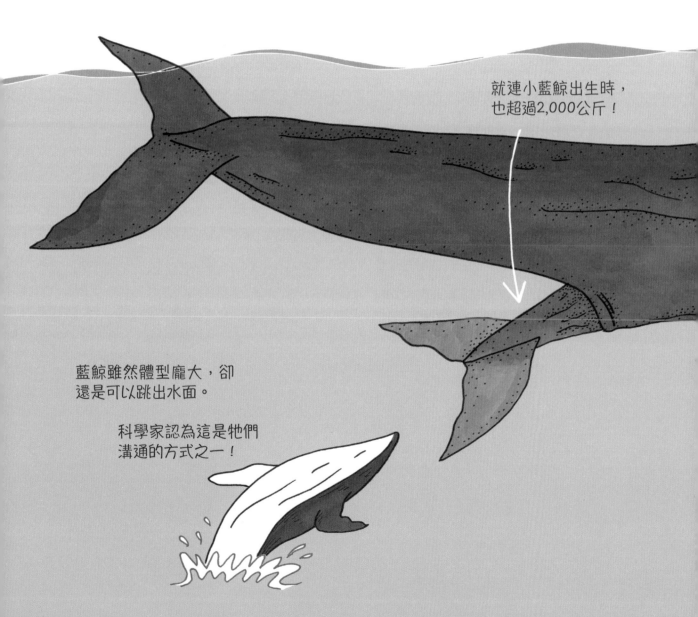

就連小藍鯨出生時，
也超過2,000公斤！

藍鯨雖然體型龐大，卻
還是可以跳出水面。

科學家認為這是牠們
溝通的方式之一！

鯨目

他們每天可游數百公里。

鯨目又分成2個亞目，一種有牙齒，叫做齒鯨，比如海豚；另一種是鬚鯨，比如大翅鯨、藍鯨。

鯨目動物沒有鰓，牠們會憋氣⋯⋯

⋯⋯再浮到水面換氣！

也就是說，在岸上就有機會看到牠們唷！

要怎麼分辨我們看到的是哪一種？

我們可以透過幾個特徵來分辨牠們！

海豚

黑眶鼠海豚

大翅鯨，也叫座頭鯨

喙鯨

抹香鯨

公虎鯨

母虎鯨

1.看看牠們的鰭

每種鯨的鰭都長得不一樣，牠們的尾鰭形狀也不同！

2. 牠們噴出的水柱

鯨目動物的鼻孔位在頭骨上，稱為「噴氣孔」，牠們靠這個孔來呼吸。

鬚鯨有2個噴氣孔，齒鯨只有1個！

藍鯨

大翅鯨

弓頭鯨

抹香鯨

噴氣孔位在頭部側邊，很容易就能認出牠噴出的水柱！

藍鯨噴出的水柱可高達12公尺！

12公尺！

因為藍鯨的體型非常龐大！

鯨鬚是什麼？

鯨鬚

牠們嘴裡的鬚鬚是種由角蛋白組成的薄片（就像指甲！）。
這些薄片排列成「梳子」，可以過濾海水，留住養分！

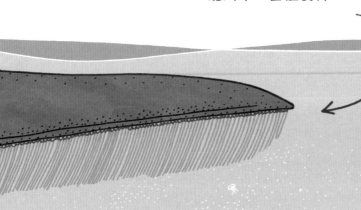

浮游生物流得進去，但出不來！

牠們的體形龐大，卻是以浮游生物為食，特別是磷蝦，這是一種非常微小的甲殼動物！

藍鯨嘴巴下面的溝槽會擴張！

牠一口氣可吸進60,000公升的水！

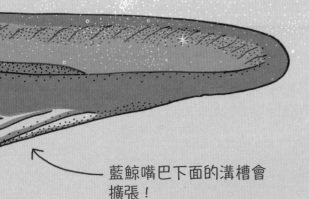

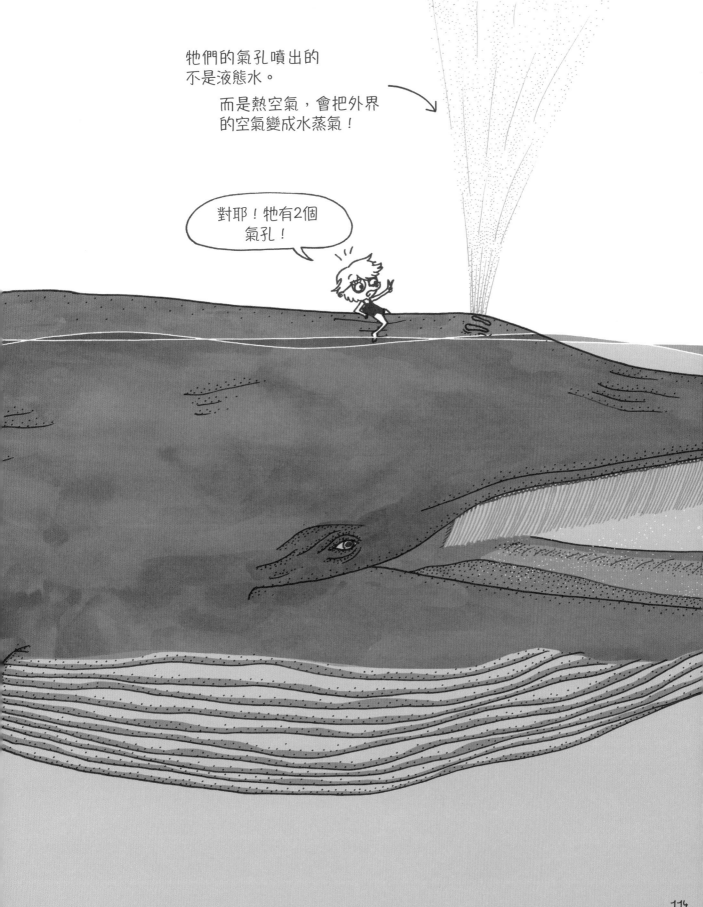

牠們的氣孔噴出的
不是液態水。

而是熱空氣，會把外界
的空氣變成水蒸氣！

對耶！牠有2個
氣孔！

齒鯨

齒鯨的種類眾多。牠們是可怕的掠食者，有尖銳的牙齒和「額隆」。額隆是個位在頭部、富含脂肪的器官。抹香鯨的額隆非常龐大！

海豚

海豚包括數種動物，虎鯨和巨頭鯨也包含在內。有的海豚住在淡水，皮膚還是粉紅色的呢！

寬吻海豚

真海豚

喀答

喀答

我好喜歡巨頭鯨！

巨頭鯨

也叫做領航鯨。牠們的身長可達8公尺，體重可達3,000公斤！

哇，有隻獨角獸！

那不是角，而是牙齒唷！

虎鯨

會成群攻擊藍鯨。

喀答

喀答

喀答

獨角鯨

住在北冰洋。牠的牙齒可長達3公尺！

喀答

116

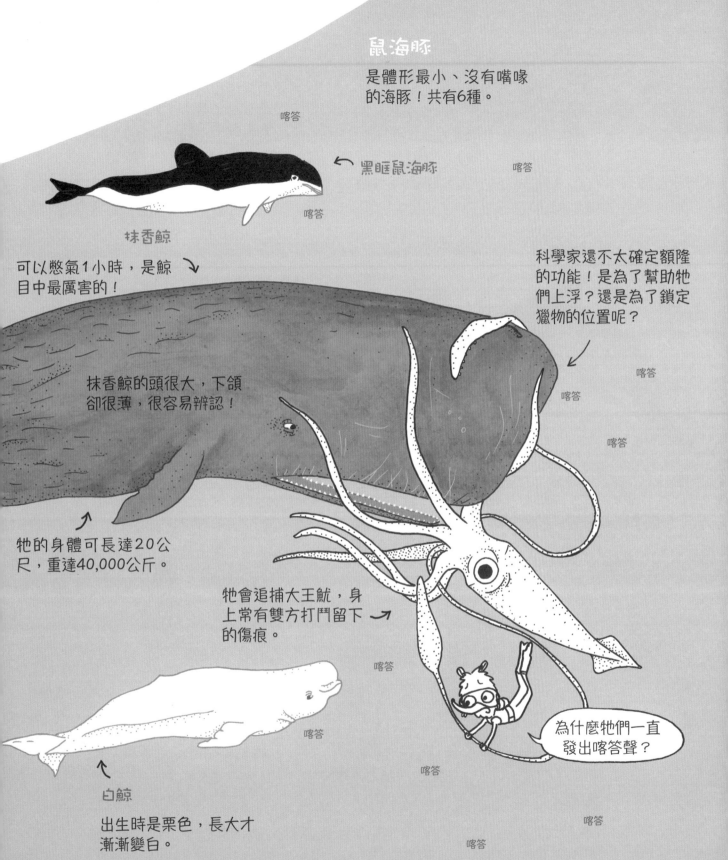

鼠海豚

是體形最小、沒有嘴喙的海豚！共有6種。

← 黑眶鼠海豚

喀答

喀答

喀答

抹香鯨

可以憋氣1小時，是鯨目中最厲害的！

科學家還不太確定額隆的功能！是為了幫助牠們上浮？還是為了鎖定獵物的位置呢？

喀答

抹香鯨的頭很大，下頜卻很薄，很容易辨認！

喀答

喀答

牠的身體可長達20公尺，重達40,000公斤。

牠會追捕大王魷，身上常有雙方打鬥留下的傷痕。

喀答

白鯨

出生時是栗色，長大才漸漸變白。

喀答

為什麼牠們一直發出喀答聲？

喀答

喀答

喀答

喀答

喀答

齒鯨發出「喀答」聲來定位，並「看到」前方的物體！

牠們製造這種聲音是為了看到東西？

回聲定位

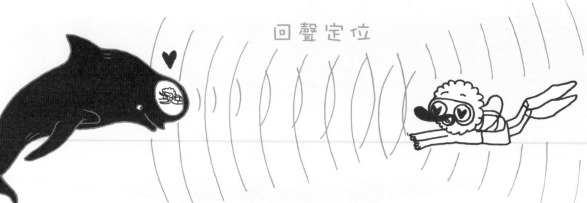

比方說，巨頭鯨發出聲音，如果前方有物體的話，聲音就會反彈回來！

就像回音一樣！

牠就會知道歐尼在那裡！

就像蝙蝠！

就是這樣！

牠們不用睜開眼睛也「看得到」！

真厲害！我就連張大眼睛也不一定看得見呢……

海牛目

牠們是溫和的哺乳動物，大多為草食性。牠們不擅長憋氣，所以生活在近岸海域。

安地列斯海牛

西非海牛

儒艮

海牛無時無刻都在吃東西，所以被稱為海中的牛！

牠們因人魚傳說而被稱為美人魚。

就像傳說中的人魚，海牛會唱歌，即使在遠方也聽得見！

牠們長得有點像海豹耶？

牠們的體形好龐大呀！

鰭足類

是種肉食性哺乳動物。

海獅、海豹和海象，都跟海牛不一樣喔！

牠們身體的柔軟度很好！

海獅
牠們有明顯的外耳！

鰭足類會用後面的腳行走。

加州海獅

再加上牠們的尾鰭很大，行走的速度很快唷！

北海獅

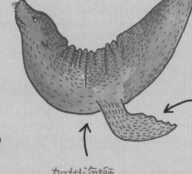

海豹

有很多不同種類。

牠們沒有耳朵，只有小耳洞。

牠們不太能站在陸地上！

牠們的後足在水中非常靈活。

海象

可重達2,000公斤。

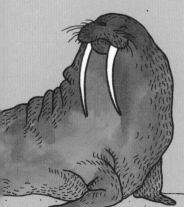

海象是海象屬中唯一的物種！

小海豹身披白毛，所以也被稱為小白豹！

噗通!!!

北冰洋和南冰洋

分別位在北極和南極周圍。它們的海水都很冰冷！

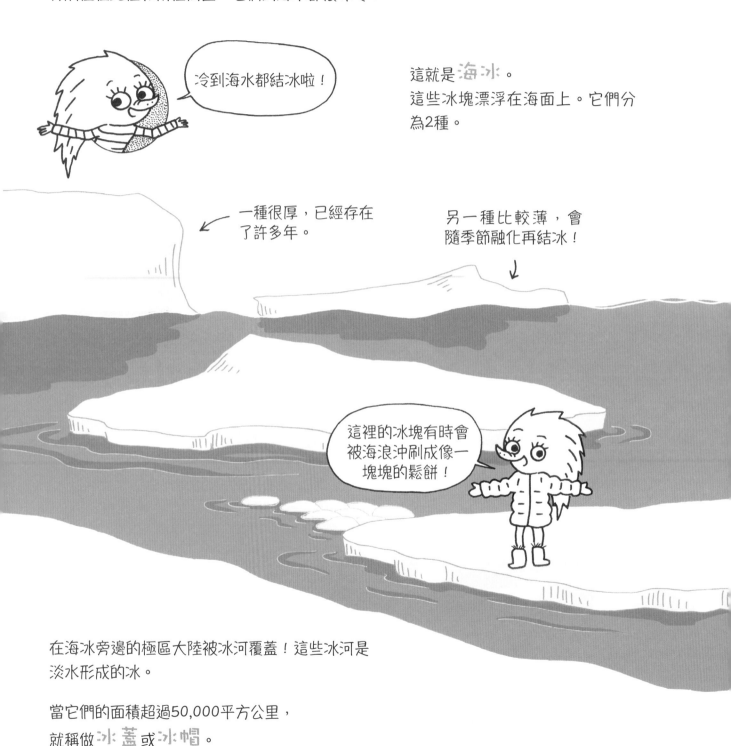

冷到海水都結冰啦！

這就是 海冰 。
這些冰塊漂浮在海面上。它們分
為2種。

一種很厚，已經存在
了許多年。

另一種比較薄，會
隨季節融化再結冰！

這裡的冰塊有時會
被海浪沖刷成像一
塊塊的鬆餅！

在海冰旁邊的極區大陸被冰河覆蓋！這些冰河是
淡水形成的冰。

當它們的面積超過50,000平方公里，
就稱做 冰蓋 或 冰帽 。

有時，冰河中的冰會分裂成大冰塊。這就是人們說
的「冰山」。
它們都是淡水結成的冰，會形成各式各樣的形狀。

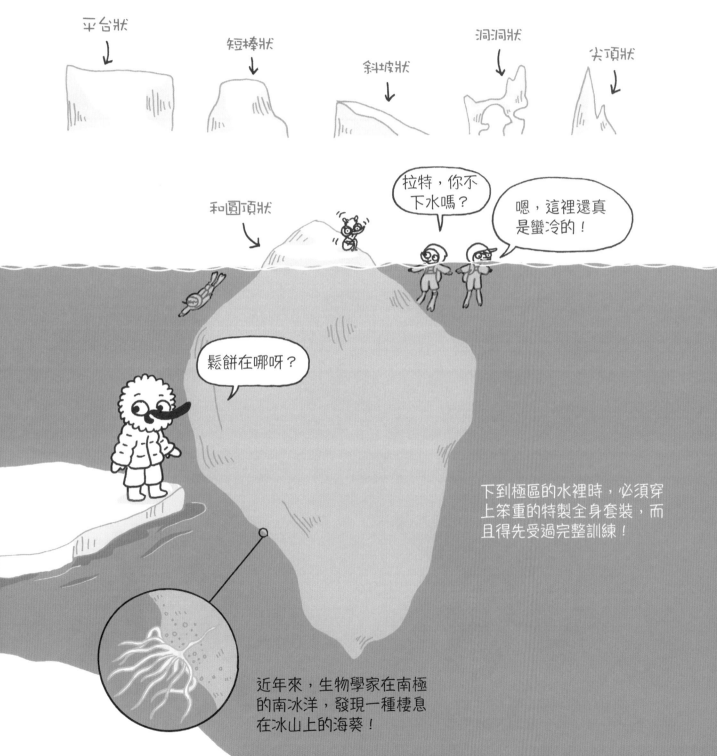

平台狀

短棒狀

斜坡狀

洞洞狀

尖頂狀

和圓頂狀

拉特，你不
下水嗎？

嗯，這裡還真
是蠻冷的！

鬆餅在哪呀？

下到極區的水裡時，必須穿
上笨重的特製全身套裝，而
且得先受過完整訓練！

近年來，生物學家在南極
的南冰洋，發現一種棲息
在冰山上的海葵！

位在北極的北冰洋

這是最小也最淺的大洋。這裡雖然很冷，還是有很多動物在這裡生活！

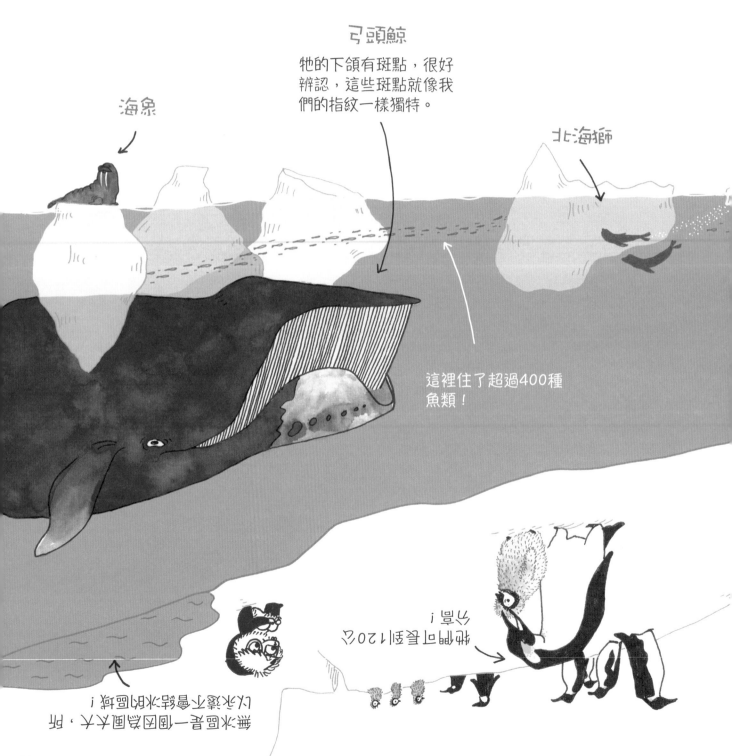

海象

弓頭鯨

牠的下頜有斑點，很好辨認，這些斑點就像我們的指紋一樣獨特。

北海獅

這裡住了超過400種魚類！

牠們可長到120公尺！

無冰區是一個問題，因為沒以冰塊也看不到冰別圍植圍！

北極熊

北極的代表動物！
法文的北極一字其實來自希臘文的「熊」喔！

在北極，常常可以看到大熊和小熊！

大熊身旁常有2隻小熊！

北極熊是游泳高手。

鯨

泳泳！
我們的種類不是
由來進行，而是

每當北極口上潛500公尺深，
還能撐到30分鐘。

群居動物。每北極鵝身旁常著上一親卵，再把它鵝蛋貼身
媽媽，每北極鵝卵則用手著身找食物。每北極鵝口以行走
300公尺！我們回來時，只需要再分鐘之把它鵝蛋遞特的
叫聲就能找到對方。

127

刀嘴海雀

是海雀科現存的唯一物種。他們很擅長飛行，雖然住在北極圈，卻能遷徙到摩洛哥一帶！

海雀是群居動物，住在峭壁或以岩石為主的海岸地區。

海雀和企鵝長得很像，但他們是不同物種。海雀會飛，住在北半球。企鵝不會飛，住在南半球！

咕嚕嚕嚕…

每種海豹只活在水裡，但他們必須在陸地上分娩！他們可以在水面下待超過1小時，還能潛入深達600公尺處。

海冰底的藻類正在種植……好多！

我並不需要，但一直有很多生物活在冰面和冰底、深海的「花園」。珊瑚、海草、海星、甲殼……淺水和深水裡也有生物喔。

位在南極的南冰洋

南冰洋與北冰極的位置剛好相反，位在地球南端！南冰洋是地球上最寒冷的大洋，但許多動物在此生活，或者來這裡覓食。

南極大陸被一條洋流環繞，因此南極的生物不會跑到其他大洋！

這些動物只生活在南極！

阿德利企鵝

大部分的時間都在水下捕魚。

海面下的海冰形成冰錐，看起來就像從冰塊垂下的手指。

南露脊鯨

牠們頭部有獨特的硬繭，我們可用這一點來分辨牠們與其他外觀近似的鯨魚。

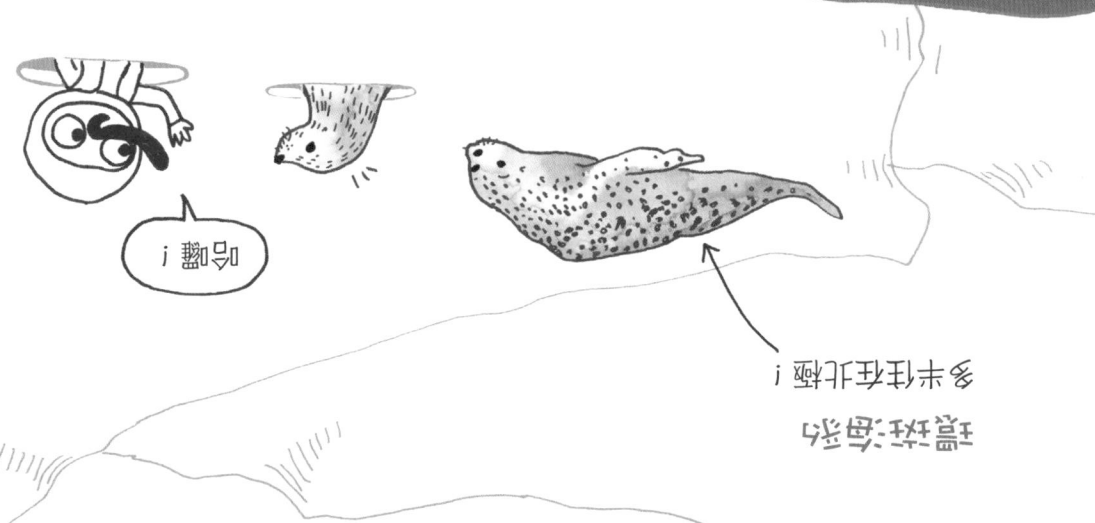

哈囉！

多來找找我吧！

豹斑海豹

Chapter 18

探測海底世界！

位於太空的人造衛星，讓海洋學家得以畫出海底的地圖。
現在我們知道，海洋深處有山脈、火山和海溝！

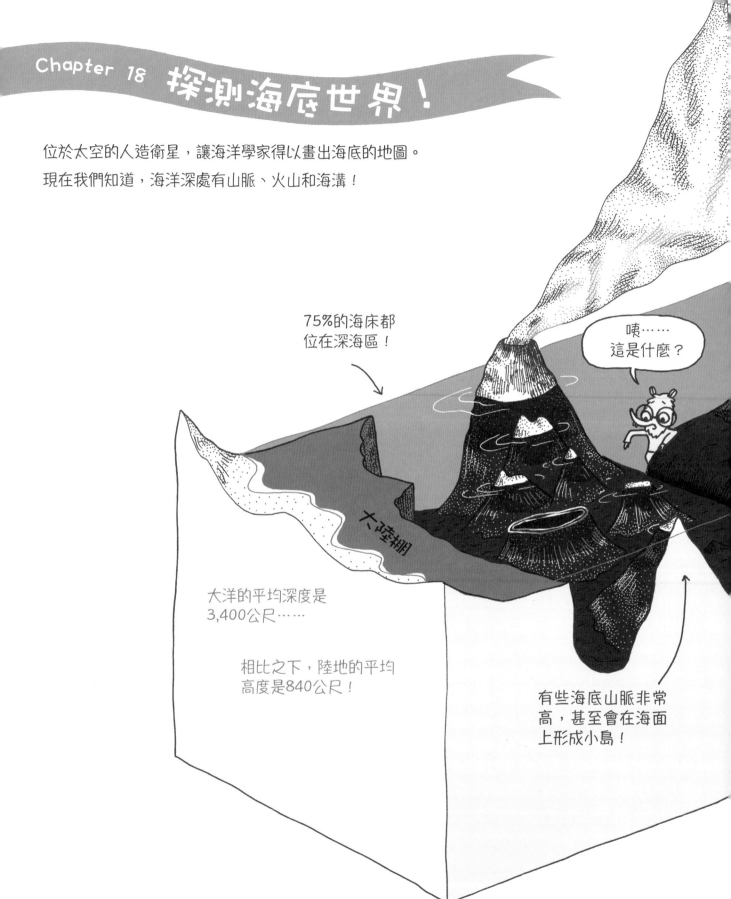

75%的海床都
位在深海區！

唉……
這是什麼？

大陸棚

大洋的平均深度是
3,400公尺……

相比之下，陸地的平均
高度是840公尺！

有些海底山脈非常
高，甚至會在海面
上形成小島！

133

1977年，3位美國海洋學家發現這些神奇的……

海底黑煙囪

，它們是圓柱狀的海底熱泉噴出口。

這些煙霧狀物體是沉澱的金屬硫化物，含有許多對工業來說非常珍貴的金屬！

阿爾文團隊在水深2,500公尺處發現海底熱泉。

令他們驚訝的是，在這些海底煙囪旁，竟然有個富含生命的綠洲……

……但這些海底煙囪的溫度將近攝氏400度！

最高的海底煙囪名為波賽頓，高達60公尺！

但這座生命綠洲有點奇特！

基瓦多毛怪

也稱為基瓦雪人蟹，牠全身雪白而且看不見東西，人們在2005年發現牠的存在！

住在海底黑煙囪附近的生物非常特別，牠們不
需要陽光，靠煙囪噴出的化學能量生存！

巨型管蟲

一種被管狀物包住的蟲，牠們是
群居動物，長度可達2公尺。

牠們沒有消化管
道，不吃東西，
也不會排泄！

褐長孔綿鳚

以深海泥漿裡的小型生
物為食。

龐貝蟲

生活在很熱的海水中，
這也是牠的名字由來！

簡直像外星生物！

而且，這可不是
科幻小說唷！

現實比小說
更酷！

探索海底世界

海淵承受上方水柱的強大壓力，而且處於完全的黑暗之中，因此探索海淵是項艱難的挑戰！

1932年時，人們發明了潛水球：一種被厚重鋼鐵包覆的潛水器，用纜線可將它降到水深924公尺的地方。

球形是最抗壓的形狀！

1953年，雅克‧皮卡爾搭乘「特里亞斯特號」，深入水下3,150公尺處！

法國海洋潛水器

1954年，奧古斯特‧皮卡爾發明了可載人的FNRS-3號，抵達水深4,050公尺處。

1960年，雅克‧皮卡爾和唐納德‧沃爾什一起搭乘「特里亞斯特號」，深入馬里亞納海溝，幾乎抵達地表最深處。
這項任務目前仍保持世界紀錄，「特里亞斯特號」是最深入水下的潛水器，當時儀表板指出深度10,916公尺！

2012年，美國導演詹姆斯‧卡麥隆搭乘「深海挑戰者號」，也下潛到馬里亞納海溝。儀表板顯示的最深深度是：10,898公尺。

直到2019年，世上只有5個國家擁有能夠潛入海淵的設備：美國、日本、中國、俄羅斯和法國！
法國海洋開發研究院的縮寫是IFREMER，擁有一艘叫做鸚鵡螺號的潛水器！

它能載著2名駕駛員和1名科學家，潛到水下6,000公尺。

下潛過程約8小時，如果遇到問題，可以在水下停留120小時！

但是潛水器上沒有廁所！

這個瓶子給你！

你的意思是說，史上有12名男性去過月球，但只有3名男性到過馬里亞納海溝嗎？

而且半個女性也沒有！

那是2012年的事……

……2019年後，發生了許多變化！

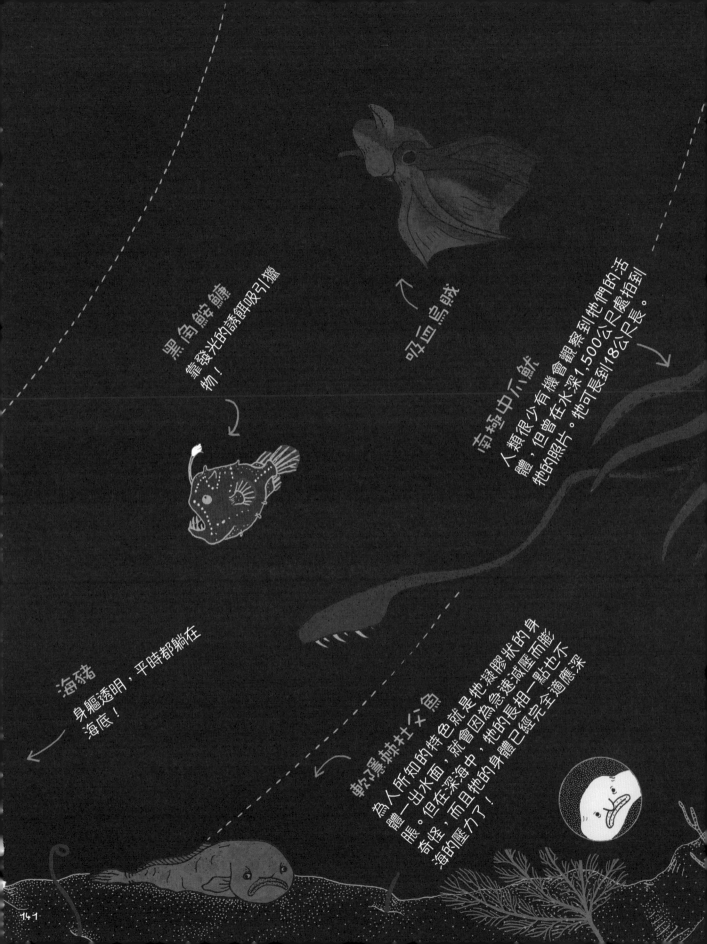

吸血烏賊

黑角鮟鱇
靠發光的誘餌吸引獵物！

南極中小鱿
人類很少有機會觀察到牠們的活體,但曾在水深1,500公尺處拍到牠的照片。牠可長到18公尺長。

海豬
身軀透明,平時都躺在海底!

軟隱棘杜父魚
為人所知的特色就是牠凝膠狀的身體一出水面,就會因為急速減壓而膨脹。但在深深海中,牠的長相一點也不奇怪,而且牠的身體已經完全適應深海的壓力了!

蛇尾

是海星的親戚，體形龐大。牠們可以住在非常深的海底。

大鰭後肛魚

牠們的管狀眼睛位在透明的頭部內，也稱為桶眼魚。

鼠尾鱈

歐氏尖吻鮫

兩頜可以突然伸出，捕捉獵物。

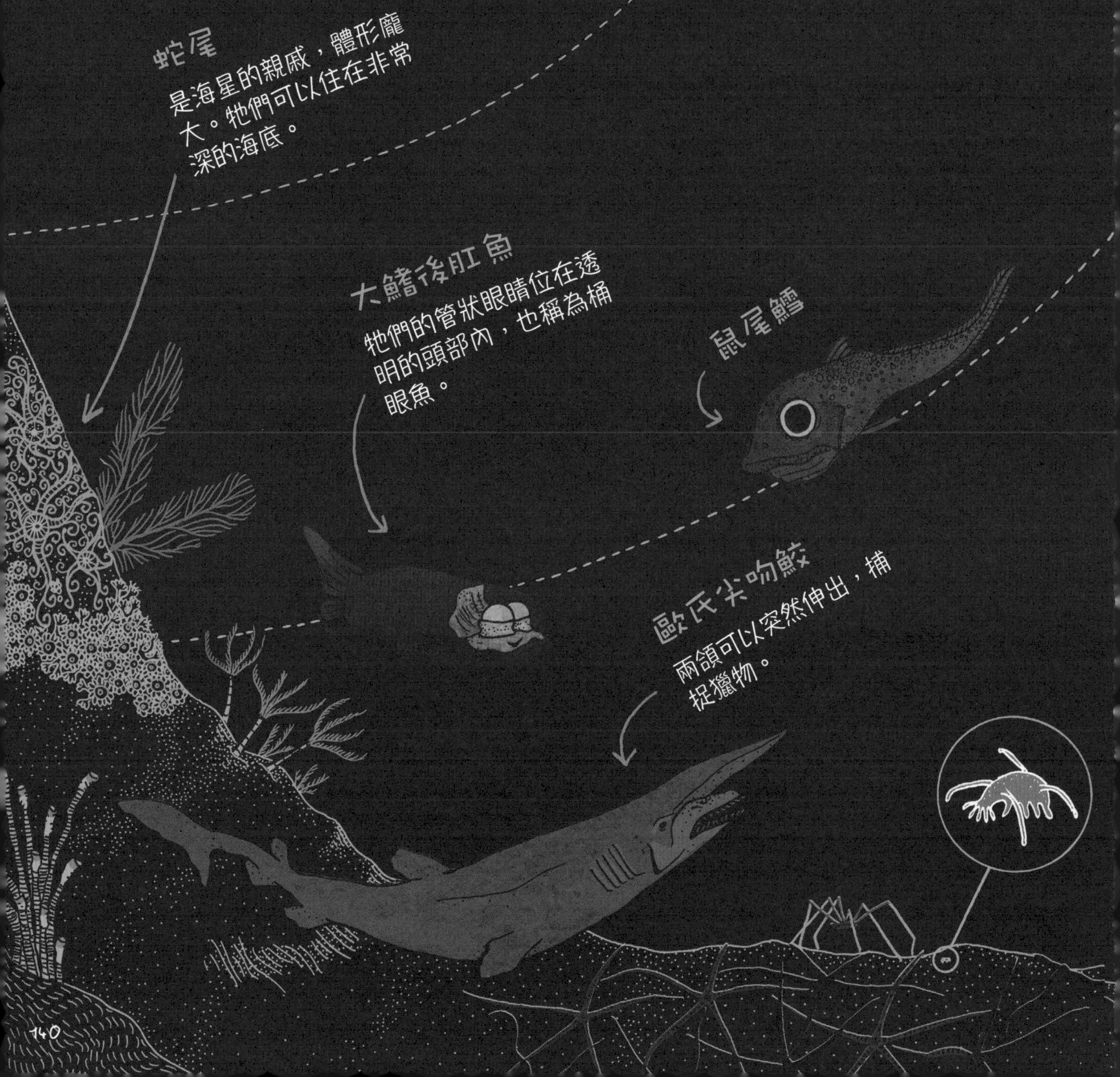

美國探險家維克多・維斯科沃已經去過五大洋的最深處。

2020年，一支中國團隊首次在馬里亞納海溝進行影像直播！

近年來，海底探險有了令人驚嘆的進步。

美國女性

凱瑟琳・D・蘇利文

她是美國史上第一位在太空進行艙外活動的女性……

……也是史上第一位抵達海底最深處的女性！

她去了太空，也去了馬里亞納海溝！

我的偶像！

絕大部分的海床是深海平原！

到底了！簡直到處都是淤泥！

海底平原的深度約在5,000~6,000公尺！

深度200~1,000公尺處，可見光就無法穿透了！這裡稱之為「無光帶」或「無光層」。

到深度1,000公尺以上，再也沒有任何光線可以抵達，稱為「半深海帶」或「午夜區」！

深度超過4,000公尺的地方，稱為「深海帶」或「深淵區」……

那海溝裡面呢？

那裡稱為「超深淵帶」！

這裡什麼也沒有！

讓我看看！

喂！輪到我了！

我說過鸚鵡螺號只能坐3個人啦！

你們瞧！有鯨魚骨骸耶！

啊！終於看到一點生命跡象了！

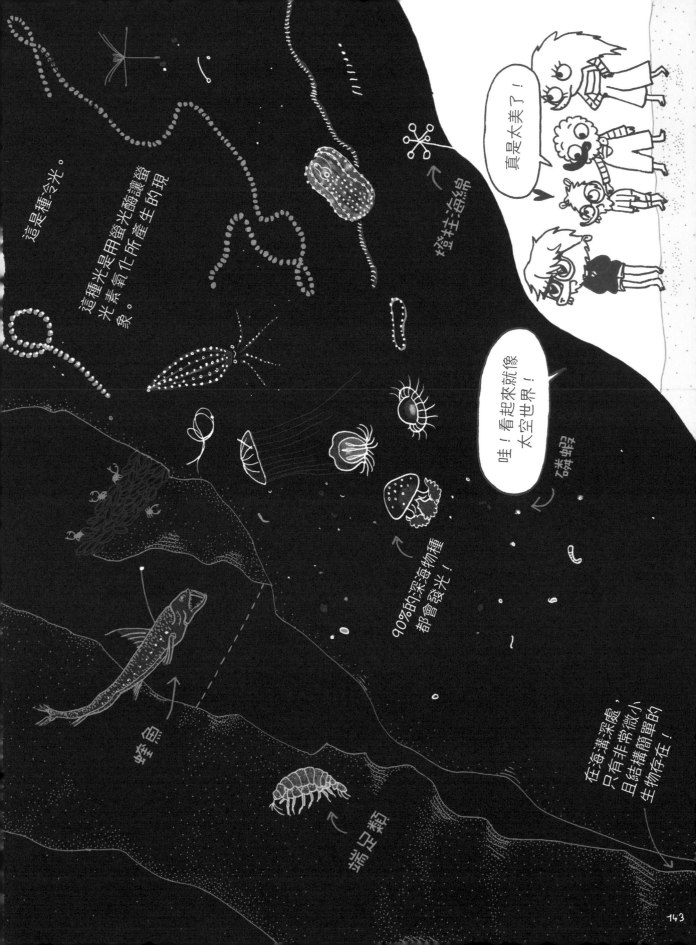

短冠深海
鮟鱇魚

深海珊瑚
不用靠海藻生存，因此
也不需要陽光！

海樽

煙灰蛸

海鮮海葵

生物發光現象
在一片黑暗中，發光是動物發展出來的
捕獵、誘引和自我保護技巧！

皇冠海綿
有2~6個分支，牠們利
用這些分支過濾最微小
的養分！

嗯……為什麼海洋是藍色的?

真的耶,把海水裝在玻璃杯中,明明就是透明的。

因為陽光的關係,海水才會看起來是藍色的!

就跟天空的空氣一樣,水會散射陽光中的藍色光!*

*請見《動物小夥伴的超級太空週末》第12章「美麗的彩虹」。

144

你們知道這片海洋中住著多少動物嗎？

真的，生物的多樣性真令人驚嘆！

生物的什麼？

生物多樣性，指的是生物有各式各樣的型態！

太空都沒有這些生物呢！

說不定也有喔！

就連海底深淵也有各種生物呢！

說得也是……

廢棄物

是不再有用處的人造物質。
它們可能是金屬、玻璃、塑膠,也可能是液體!

事實上,很多物品用了一次
就被丟棄,比如包裝材、吸
管、飲料罐……

148

每分鐘,就有相當於一卡車的垃圾被丟進海洋。
絕大部分的垃圾都是塑膠製品!

但塑膠也是最難分解的垃圾:得要花上
100~1,000年才會分解。

有的垃圾是完整的,有的是一小塊一小塊,也
有很小的微粒,到處都找得到它們的蹤跡!

太噁心了!

怎麼會有人想
把這些東西丟
進海裡⋯⋯

為什麼它們都在
這裡?都在同一
個地方⋯⋯

149

有些人以為這些廢棄物是被丟進海裡的，但其實不一定唷！

在陸地上，不是只有人類
會製造出廢棄物。

廢棄物實在太多了，沒人
知道該怎麼辦！

分解所需的時間

口香糖 →
金屬罐 →
飲料利樂包 →
塑膠瓶 →
塑膠袋 →
果泥袋 →

海洋環流

海洋環流也稱為渦流，是海中的漩渦，塑膠廢棄物會在當中不斷聚積。

洋流把廢棄物帶到外海，它們就在這裡堆積。

這就是所謂的「塑膠大陸」。其中一個塑膠大陸甚至是法國面積的6倍。

塑膠大陸？我什麼也沒看到呀！

它們都藏在水面下！

大部分的塑膠碎片都不到0.5公分！

這片大陸不是堅固的一整塊,而是由許多小碎片組成⋯⋯

就像土星環⋯⋯

⋯⋯它們的厚度可達30公尺,隨水漂流!

⋯⋯這比土星環還厚多了!

小魚吃下這些塑膠碎片,
大魚再吃小魚⋯⋯
大魚再被我們吃掉!

是時候清理這些廢棄物了!

結語

……螃蟹、浮游植物、水母、軟體動物、甲殼動物、鯊魚、軟珊瑚、平珊瑚、角珊瑚、海星、各種魚類，還有海葵、海綿、章魚、鬚鯨、齒鯨、海牛、鰭足動物、海雀、企鵝、大王魷、南極中爪魷……還有各種生活在海淵的奇特動物，以及我記不住的許多生物！牠們加起來的體積，有天都會小於塑膠的體積?!

是啊……塑膠愈來愈多，動物卻愈來愈少了……

太誇張了，原來海洋正面臨那麼多的威脅，過度捕撈、塑膠、海洋酸化……

還有深海採礦！

除了壞消息外，也有好消息……

有許多人每天都為了拯救海洋而努力！

有些地方設置了禁止釣魚和觀光的區域。他們的目標是在2030年，讓三分之一的海洋都受到保護！

在這些地方，大自然很快就恢復原有的秩序。

比如2020年首次封城期間！*

*Covid-19嚴重特殊傳染性肺炎疫情

159

你也一樣，渴望

為保護海洋盡一分心力嗎？

找出適合你的方法!!!

看完這本書後，
你有什麼感受呢？

超級感性

你就像卡絲特！這些資訊讓你感觸良多，令你有點難過。你想盡份心力，但覺得一切都好複雜，不知該從何開始……這是個很重要的議題，的確會令人難過！但別忘了，每個小小的舉動都能帶來改變！

只要一步一步慢慢來，就不會覺得那麼困難！

渴望行動，就是一件非常棒的事！

每個人都不一樣，按自己的步調來就好！

問問其他人的第一步是什麼！

深呼吸！

只要放輕鬆，你就會找到適合自己的方法！

超級有幹勁

你就像歐尼!你熱愛動物,渴望拯救世界,但你常常橫衝直撞,做事毫無章法……別擔心!盡量多方嘗試,你就會知道什麼方式最適合你,什麼不適合你!

把水壺裝滿水,開始一場撿拾垃圾的冒險之旅!

學習垃圾分類!

出門時,盡量步行或騎單車!

吃甜筒冰淇淋!

生日時,不用塑膠餐具,也不用包裝紙來包裝禮物!

和家人一起製作堆肥箱!

超級英雄出門都騎單車!

你就像艾琪德一樣，隨身都帶著水壺，你是家裡的垃圾分類之后／王，你隨時都在說：「**謝謝！不用給我袋子！**」沒人比你厲害！你甚至會購買二手衣物和玩具！你太厲害了！請保持下去!!!

你知道嗎？有些手作工坊強調「零垃圾」，在這些地方你可以學到如何自製購物袋和肥皂唷！

出門別忘了攜帶布提袋！

目標：零垃圾！

行動就是最好的榜樣，不用多說！

每個人都有自己的步調與行動方式，記得對身邊的人保持耐心！

別忘了衡量自己的能力！

超級好奇

你就像拉特，這一切對你來說都是新的知識！你提出各式各樣的問題，你需要獲取更多資訊，靠自己了解這一切的運作原理！很棒喔！繼續前進！

千萬別完全相信你讀到或聽到的一切。多做一些研究，多多觀察與思考！

與好友分享你的發現！

多閱讀，補充知識，同時提出各種問題。你可以問爸爸媽媽，也可以在學校、水族館或自然科學博物館提出問題！

當你準備好了，用自己的方式行動！

充滿好奇心是件很棒的事！

作者的話

我剛開始提筆創作這本書的時候，並沒有料到它會徹底翻轉我的生活方式，改變我看待事物的角度。一直以來我都對海洋與航海興趣缺缺。我也不是身經百戰的潛水勇將，其實我從沒潛過水，和歐尼與艾琪德大不相同。

但這段漫長的旅程改變了我。長久以來，任何與魚類相關的事物，都令我感到害怕。看電視甚至看書的時候，只要一出現海中的影像，我就會害怕得閉上雙眼……參觀水族館，或是到海邊跟魚群一起游泳，對我來說都是難以克服的艱難任務。

我下定決心克服內心的恐懼，開始閱讀與海洋相關的書籍，看紀錄片，試圖了解海洋的運作原理，以及海洋動物的生活方式。海洋圖像最後成了我生活的一部分：我開始彩繪海底世界、珊瑚、海葵、海獅，甚至畫起魚類。我對牠們的恐懼一步步消散。

熱愛太空的我，發現了一個新世界。海洋就像另一個星球，這裡的物理法則和陸地大不相同。對我來說，海面就像前往另一個世界的邊界，住在水裡的生物一個比一個神祕且令人驚奇，牠們長得就像我想像中的外星人一般。

海洋簡直比太空更加廣大，因為那裡住著各式各樣令人嘆為觀止的動植物，我從未想過海洋擁有如此旺盛的生命力。我很快就體悟到，這本書的每一頁內容都足以發展為一本完整的書。最後我決定寫下一本同時涵蓋海洋與海洋居民的書，概略地展現海洋豐富的生物多樣性，與海中世界的風景。

我認為，美與驚嘆都會為我們帶來學習的渴望和好奇心。我深信，展現美好的事物並了解其中的奧妙，都會帶給人起身行動的欲望。我寫下這本書的同時，也注意到海洋動物正面臨威脅。一開始我以為自己做不了什麼改變，但後來我才發現，即使只是與熟識的好友談天，分享我的發現，也能用我自己的方式，一起保護曾經令我非常害怕的海洋和各種動物。

蓋兒・阿莫拉斯

動物體型大小的說明！

儘管我非常希望按照正確的動物和景物比例來繪圖，可惜的是，我很快就明白這是不可能的任務。由於欠缺比較的基準，觀看深海紀錄片時，我們難以理解事物的實際大小。在深度比較淺的區域，有時還能看到潛水員在一旁游動，但深海就像太空一樣神祕難測！

許多我自以為熟悉的動物，他們的實際體型常常令我大吃一驚。我建議大家親自確認一下各種動物的體型，不管是透過書籍、網路，參觀水族館，或是實地看看牠們！

就拿深海鮟鱇魚來說，我以為牠約莫跟籃球差不多大，但實際上公魚只有一顆高爾夫球大！母魚的確比較大，但也不會超過成人手掌！再拿海溝來說，我快速換算一下後，明白即使把人物畫成只有0.5公分高，再按實際比例畫出馬里亞納海溝，也需要一張超過33公尺長的紙，才能畫到海溝底部！

雖然我常對喬治書屋的編輯們提出各種要求，但33公尺長的折頁，這連我也不敢說出口……

你們找出藏在第90~91頁的所有動物了嗎？

左頁：艾琪德的右上方有隻魟魚，她下方的海葵裡有小丑魚，再下方有隻鯙鰻。海床上，歐尼的蛙鞋旁有隻章魚。柳珊瑚旁的珊瑚礁裡，有條紋蝦魚和綠色的尖吻鮋。

右頁：海床的珊瑚裡有玫瑰毒鮋，鱚魚、玉筋魚，還有一隻看不到眼睛的鰈魚。有隻海馬藏在拉特旁邊的海藻裡。還有一隻身上有斑點的海馬藏在卡絲特頭上的珊瑚裡。最後，在墨魚的上面，你會找到最後一隻海馬，牠長得就像葉片一樣！

海洋生物的拉丁學名，按出現順序排列：

一般人在書籍、紀錄片或網路上會使用俗名稱呼動植物，這些俗名通常和牠們的外觀特徵有關，很好記。我在本書中也這麼做。但因為世界各地的人都用自己的方式創造俗名，以致有時很難找到正確的物種名！科學家同意用拉丁名統一名稱，這樣一來，即使牠／它們在不同語言中有不同的名字，也能明白大家討論的是同一種動物或植物。下面列出本書畫出的各種物種的拉丁名稱。我們博學的科學編輯瑪喬蓮·瑪它布，建議我到「世界海洋生物列表」網站（簡稱WoRMS）確認這些物種的拉丁學名。

封面：*Sardina pilchardus* / **p8-9**：***Carcinus maenas*** / **p14**：*Carassius auratus* / **p38**：***Aurelia aurita*** / **p39**：*Chrysaora hysoscella*, ***Pelagia noctiluca***, *Rhizostoma pulmo*, ***Physalia physalis*** / **p55**：*Alaria esculenta* / **p58-59**：***Halimeda macroloba***, *Hormosira banksii*, ***Ulva lactuca var. laciniata***, *Caulerpa scalpelliformis*, ***Fucus vesiculosus***, *Dictyota dichotoma*, ***Ulva lactuca var. latissima***, *Claudea elegans*, ***Palmaria palmata***, *Erythroglossum laciniatum*, ***Macrocystis pyrifera***, *Agarum clathratum*, ***Nitophyllum punctatum***, *Nereocystis luetkeana*, ***Agarum asiaticum***, *Chaetomorpha coliformis*, ***Saccharina longicruris***, *Alaria esculenta*, ***Saccharina latissima*** / **p60-61**：*Himanthalia elongata*, ***Saccharina latissima***, *Undaria pinnatifida*, ***Chroicocephalus ridibundus*** / **p62-63**：*Chroicocephalus ridibundus* / **p64**：***Littorina littorea***, *Cerastoderma edule*, ***Cancer borealis*** / **p66-69**：*Actinia equina*, ***Paracentrotus lividus***, *Homarus gammarus*, ***Pagurus bernhardus***, *Uca stylifera*, ***Ligia oceanica***, *Patella vulgata*, ***Ostrea edulis***, *Pinctada margaritifera*, ***Spirorbis spirorbis***, *Spongia (Spongia) of cinalis*, ***Mytilus edulis***, *Balanus balanus*, ***Larus argentatus***, *Chroicocephalus ridibundus*, ***Ensis magnus***, *Cerastoderma edule*, ***Arenicola marina***, *Talitrus saltator*, ***Littorina littorea***, *Pecten maximus*, ***Palaemon serratus*** / **p71**：*Palaemon serratus*, ***Undaria pinnatifida*** / **p72-73**：*Carcharodon carcharias*, ***Scyliorhinus canicula***, *Aetobatus narinari*, ***Carcharhinus limbatus***, *Sphyrna lewini* / **p79**：***Acropora cervicornis***, *Diploria labyrinthiformis*, ***Porites compressa***, *Sarcophyton glaucum* / **p80-83**：***Rhincodon typus***, *Porites solida*, ***Tridacna maxima***, *Paramuricea clavata*, ***Scolymia cubensis***, *Sarcophyton glaucum*, ***Acropora cervicornis***, *Scarus psittacus*, ***Aplysina aerophoba***, *Octopus vulgaris*, ***Chelonia mydas***, *Pseudanthias squamipinnis*, ***Chaetodon semilarvatus***, *Ostracion cubicum*, ***Mobula birostris***, *Cheilinus undulatus*, ***Labroides dimidiatus***, *Acanthodoris hudsoni*, ***Acropora digitifera***, *Aurelia aurita*, ***Asterias rubens***, *Linckia laevigata*, ***Ophiolepis superba*** / **p90-91**：*Raja brachyura*, ***Sardina pilchardus***, *Muraena helena*, ***Octopus vulgaris***, *Aeoliscus strigatus*, ***Oxymonacanthus longirostris***, *Hippocampus guttulatus*, ***Phyllopteryx taeniolatus***, *Synanceia verrucosa*, ***Sepia of cinalis***, *Aurelia aurita*, ***Hippocampus bargibanti***, *Camposcia retusa*, ***Ammodytes tobianus***, *Dasyatis pastinaca* / **p92**：***Octopus vulgaris*** / **p98-99**：*Epinephelus marginatus*, ***Amphiprion ocellaris***, *Amphiprion akindynos*, ***Amphiprion percula***, *Paracanthurus hepatus*, ***Forcipiger flavissimus***, *Chaetodon semilarvatus*, ***Heniochus acuminatus***, *Labroides dimidiatus*, ***Scophthalmus rhombus***, *Coryphaena hippurus*, ***Aeoliscus strigatus***, *Xiphias gladius*, ***Gymnothorax javanicus***, *Gymnothorax funebris*, ***Lactoria cornuta***, *Ostracion cubicum*, ***Diodon holocanthus***, *Balistoides conspicillum*, ***Rhinecanthus aculeatus***, *Pterois volitans*, ***Hippocampus guttulatus***, *Hippocampus barbouri*, ***Phycodurus eques*** / **p100**：*Mola mola* / **p106-107**：***Morus bassanus***, *Carcharhinus limbatus*, ***Exocoetus volitans*** / **p110-111**：*Delphinus delphis*, ***Phocoena dioptrica***, *Megaptera novaeangliae*, ***Hyperoodon ampullatus***, *Physeter macrocephalus*, ***Orcinus orca***, *Balaena mysticetus*, ***Balaenoptera musculus*** / **p112-115**：*Balaenoptera musculus* / **p116-117**：***Tursiops truncatus***, *Delphinus delphis*, ***Globicephala melas***, *Orcinus orca*, ***Monodon monoceros***, *Phocoena dioptrica*, ***Physeter macrocephalus***, *Delphinapterus leucas* / **p120-121**：***Trichechus manatus***, *Trichechus senegalensis*, ***Dugong dugon***, *Zalophus californianus*, ***Eumetopias jubatus***, *Phoca vitulina*, ***Odobenus rosmarus*** / **p125**：*Edwardsiella andrillae* / **p126-129（北極）**：***Odobenus rosmarus***, *Balaena mysticetus*, ***Eumetopias jubatus***, *Delphinapterus leucas*, ***Ursus maritimus***, *Alca torda*, ***Pusa hispida***. / **p126-129（南極）**：*Eubalaena australis*, ***Pygoscelis adeliae***, *Leptonychotes weddellii*, ***Aptenodytes forsteri*** / **p134-135**：*Kiwa hirsuta*, ***Riftia pachyptila***, *Bothrocara brunneum*, ***Alvinella pompejana*** / **p140-143**：*Gorgonocephalus caputmedusae*, ***Paralvinella palmiformis***, *Lamellibrachia luymesi*, ***Ophiura (Ophiura) spinicantha***, *Macropinna microstoma*, ***Coryphaenoides armatus***, *Mitsukurina owstoni*, ***Macroregonia macrochira***, *Scotoplanes globosa*, ***Himantolophus paucifilosus***, *Vampyroteuthis infernalis*, ***Architeuthis dux***, *Psychrolutes marcidus*, ***Callogorgia americana***, *Bathypterois dubius*, ***Grimpoteuthis abyssicola***, *Actinostola callosa*, ***Promachocrinus kerguelensis***, *Chauliodus sloani*, ***Alicella gigantea***, *Bolinopsis infundibulum*, ***Brotrynema brucei***, *Atolla wyvillei*, ***Vampyrocrossota childressi***, *Chondrocladia (Chondrocladia) lampadiglobus*, ***Benthocodon hyalinus*** / **p160**：*Carcinus maenas* / **封底內**：*Scalarispongia scalaris*, *Aplysina stularis*, ***Actinostella osculifera***, *Aurelia aurita*, ***Acropora cervicornis***, *Paramuricea clavata*, ***Callianira bialata***, *Haeckelia rubra*, ***Sabella spallanzanii***, *Hermodice carunculata*, ***Arbacia lixula***, *Pisaster ochraceus*, ***Ophiothrix (Ophiothrix) spiculata***, *Notocrinus virilis*, ***Ruditapes decussatus***, *Callochiton septemvalvis*, ***Patella vulgata***, *Glaucus atlanticus*, ***Goniobranchus geminus***, *Flabellinopsis iodinea*, ***Octopus vulgaris***, *Antalis vulgaris*, ***Limulus polyphemus***, *Polycarpa aurata*, ***Petromyzon marinus***, *Carcharodon carcharias*, ***Abudefduf saxatilis***, *Fratercula arctica*, ***Fregata magnificens***, *Amblyrhynchus cristatus*, ***Enhydra lutris***, *Tursiops truncatus*, ***Hydrurga leptonyx***.

這樣就清楚多了，是不是呀？

說不盡的感激！

感謝瑪喬蓮・馬它布（她在兩次出差行程與鸚鵡螺號上反覆重讀本書），感謝她仔細的解釋，並且從一開始就全心投入這個計畫，展現無盡熱忱！

感謝克麗絲汀・戴維－伯斯爾（Christine David-Beausire）、珊卓・福區（Sandra Fuchs）、卡蜜兒・梅林（Camille Mellin）、布魯諾・費宏（Bruno Ferron）、高提耶・沙爾（Gauthier Schaal）和伊文・沛勒特（Ewan Pelleter）提供讀後心得與建議，謝謝他們的細心與解釋！

感謝沃昂沃蘭（Vaulx-en-Velin）天文館的團隊，他們接下繁重的任務，向我解釋潮汐、氣象、反照率與洋流的運作！

感謝里昂水族館的總監傑洛姆・穆宏（Jérôme Mourin）熱心接受我的訪問。

感謝里昂圖書館檔案部的海洋古圖專家傑哈德・安德瑞（Gérald Andres），願意與我分享豐富的手繪寶圖。

感謝巴黎科學城「海中世界」展覽專員克勞德・杜梅－潘謝（Claude Doumet-Pincet）接待我。

感謝里昂匯流博物館的謝卓克・歐第伯特（Cédric Audibert）花了3小時，向我解釋軟體動物，教我認識裸鰓動物，即使牠們只占了本書一頁篇幅……

感謝我在書展或圖書館遇到的眾多人士誠摯喜愛《動物小夥伴的超級太空週末》，感謝你們對我說：「非常期待海洋篇！」

感謝娜塔莉・伯福特－拉米（Nathalie Beaufort-Lamy）在阿弗赫（Havre）的指導與熱情接待，給予我跳入海中的勇氣！（雖然花了不少時間，但我終於做到了！）

感謝「101號」的所有人，這些年來當我的垃圾桶，在我無法承受時，始終給予支持！

感謝舒舒（Chouchou）和瑪麗・諾維翁（Marie Novion）的建議。

感謝班奇（Benj）借我介紹海淵的書，我終於可以把書還給他了。感謝皮埃羅（Pierrot）幫忙校對，他總是提供中肯的建言。

感謝克蕾茹（Clairou）與我分享介紹海藻的書，讓我受到很多啟發。

感謝弗德里克・巴塞（Frédéric Basset）明智的建議與照片凹版技術。感謝卡蜜兒（Camille）和瑟琳（Céline）的中肯建言。

感謝奧瑞麗（Aurélie）分享蛙魚的故事。

感謝安（Anne）與安－貝（Anne-Bé），你們是最棒的編輯，激勵我全力以赴，在我迷失方向時提醒我反問自己，同時給我足夠的空間自由發揮，讓我得以繼續前進。

感謝國立書籍中心在這次全新的旅程中，再次支持拉特、卡絲特、歐尼、喬治書屋和我！

最重要的是，感謝瑞吉斯（Régis），他是滿懷好奇又有責任感的讀者與校對，帶領我確認真正的潮間帶是什麼樣貌，支持我度過我的起起落落、自我質疑、恐懼與書籍色彩測試！

審定者：

瑪喬蓮‧瑪它布，法國海洋開發研究院深海環境生物與生態實驗室　深海生態學家；克麗絲汀‧戴維－伯斯爾，法國海洋開發研究院運營之法國海洋學船隊　副主任兼科學主任；布魯諾‧費宏，法國國家科學研究中心物理與太空海洋學實驗室 (Laboratoire d'Océanographie physique et spatiale, CNRS) 物理海洋學家；珊卓‧福區，法國海洋開發研究院深海環境生物與生態實驗室　生物工程師；卡蜜兒‧梅林，澳洲阿德萊德大學理學院生物科學學院　海洋生物學研究員；伊文‧沛勒特，法國海洋開發研究院地球海洋實驗室 (Laboratoire　Geo-Ocean) 地球科學家；高提耶‧沙爾，海洋環境科學實驗室 (Laboratoire des Sciences de l'Environnement Marin) 、歐洲大學海洋研究所 (Institut Universitaire Européen de la Mer) 、西布列塔尼大學 (Université de Bretagne Occidentale) 講師。

儘管我們已盡力確保資訊的正確性，內容仍可能不免有誤，若有謬誤之處，還請讓我們知道。本書由奧弗涅—羅納—阿爾卑斯大區、法國國家出版中心及法國海洋開發研究院支持出版。

作者　蓋兒‧阿莫拉斯 (Gaëlle Alméras)

擁有時裝和平面設計學位，除了從事傳播、場景設計和紡織品絲網印刷工作，也熱愛藝術與科學，尤其是天文學和自然，是一位活躍的作家與插畫家。

2009年，她寫給大人的童話《班布》入圍安古蘭國際漫畫節新秀獎 (Jeunes Talents d'Angoulême) 。2015年開始撰寫創作科普圖書，《動物小夥伴的超級太空週末》獲得2019年安德烈‧布拉希奇獎 (Prix André Brahic) 最佳兒童天文學繪本，並入圍2018年三大獎項決選：蒙特伊童書展漫畫類小金塊獎、法國高等教育部科學品味獎 (Prix le gout des Sciences) ，以及安古蘭國際漫畫節與普瓦捷教區主辦的大學獎 (Prix des collèges) 。

自2018年以來，她一直定期在學校發表關於藝術和科學的演說，舉辦展覽和研討會。另著有《動物小夥伴的超級海洋週末》，目前正在創作本系列第三部作品《動物小夥伴的超級森林週末》。

譯者　洪夏天

英國劇場工作者與中英法文譯者，熱愛語言文字書籍。

商周教育館 63
動物小夥伴的超級海洋週末

作者——蓋兒‧阿莫拉斯（Gaëlle Alméras）
譯者——洪夏天
企劃選書——羅珮芳
責任編輯——羅珮芳
版權——吳亭儀、江欣瑜
行銷業務——周佑潔、黃崇華、賴玉嵐
總編輯——黃靖卉
總經理——彭之琬
第一事業群總經理——黃淑貞

發行人——何飛鵬
法律顧問——元禾法律事務所王子文律師
出版——商周出版
台北市 104 民生東路二段 141 號 9 樓
電話：(02) 25007008・傳真：(02)25007759
發行——英屬蓋曼群島商家庭傳媒股份有限公司城邦分公司
台北市中山區民生東路二段 141 號 2 樓
書虫客服務專線：02-25007718；25007719
服務時間：週一至週五上午 09:30-12:00；下午 13:30-17:00
24 小時傳真專線：02-25001990；25001991
劃撥帳號：19863813；戶名：書虫股份有限公司
讀者服務信箱：service@readingclub.com.tw
城邦讀書花園：www.cite.com.tw
香港發行所——城邦（香港）出版集團
香港灣仔駱克道 193 號東超商業中心 1F
電話：(852) 25086231・傳真：(852) 25789337
E-mail: hkcite@biznetvigator.com

馬新發行所——城邦（馬新）出版集團【Cite (M) Sdn Bhd】
41, Jalan Radin Anum, Bandar Baru Sri Petaling, 57000 Kuala Lumpur, Malaysia.
電話：(603) 90563833・傳真：(603) 90576622
Email: service@cite.com.my

封面設計——林曉涵
內頁排版——陳健美
印刷——韋懋實業有限公司
經銷——聯合發行股份有限公司
電話：(02)2917-8022・傳真：(02)2911-0053
地址：新北市 231 新店區寶橋路 235 巷 6 弄 6 號 2 樓

初版——2023 年 5 月 9 日初版
定價——600 元
ISBN——978-626-318-622-4

國家圖書館出版品預行編（CIP）資料

動物小夥伴的超級海洋週末／蓋兒‧阿莫拉斯（Gaëlle Alméras）著；洪夏天譯 .-- 初版 .-- 臺北市：商周出版：英屬蓋曼群島商家庭傳媒股份有限公司城邦分公司發行，2023.04
　面；　公分 .-- (商周教育館；63)
譯自：Le super weekend de l'océan
ISBN 978-626-318-622-4(平裝)

1.CST：海洋學 2.CST：通俗作品

351.9　　　　　　　　　112002765

線上版回函卡

海洋生物的分類

地球上有太多太多的生物，因此科學家根據牠／它們的共同點分門別類。

海洋動物分成許多不同類別，以下是最常見的
幾個種類：

多孔動物門

海中的海綿。

刺胞動物門

水母、海葵、珊瑚……

真是太美了！

櫛水母動物門

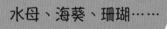

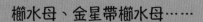

櫛水母、金星帶櫛水母……